LES ANNALES

DE LA

CIVILISATION CHRÉTIENNE.

PARIS. — IMPRIMERIE D'ADRIEN LE CLERE ET Cie
rue Cassette, 29, près Saint-Sulpice.

LES ANNALES

DE LA

CIVILISATION CHRÉTIENNE.

1ʳᵉ LIVRAISON.

DE

L'INDÉPENDANCE

ET DES

RAPPORTS NÉCESSAIRES

DE L'ÉGLISE,

DE L'ÉTAT ET DE L'ENSEIGNEMENT PUBLIC;

PAR M. G.-B. BATTUR,

AVOCAT A LA COUR ROYALE DE PARIS, DOCTEUR EN DROIT.

Cette première Livraison se vend au profit de la Paroisse pauvre de CHAUFFRY (diocèse de Meaux), pour la reconstruction de son Eglise sous l'Invocation du très-saint et immaculé Cœur de MARIE.

PRIX : 2 FR.

PARIS.

LIBRAIRIE D'ADRIEN LE CLERE ET Cie,

Rue Cassette, nᵒ 29, près Saint-Sulpice.

1844.

AVANT-PROPOS.

———

Nous avons retracé substantiellement
sous la rubrique : *De l'Indépendance et
des Rapports nécessaires de l'Église,
de l'État et de l'Enseignement public,*
les lois et les bienfaits de la civilisation
chrétienne. Mais les limites de cette première publication ne nous ont pas permis
d'entrer dans les développemens que
comporte ce vaste et magnifique sujet.

Il est pourtant de la plus urgente nécessité de traiter à fond de la civilisation chrétienne, afin de mettre en relief cette solidarité de la religion catholique et des empires, de la vérité religieuse et de la vérité philosophique, des lois de l'Église et des lois de l'État, du flambeau de la foi et de la splendeur des lettres, des sciences et des arts, et cela dans un cadre et sous un jour qui déconcerte le sophisme et confonde l'orgueil du demi-savoir.

La société française et européenne est aujourd'hui comme enveloppée d'une atmosphère de questions religieuses et mixtes. Cet œuvre national et catholique intéresse donc tout le monde, empires et individus, rois et peuples, prêtres et laïques, croyans ou sceptiques. Car tous aspirant au bonheur, ont un intérêt immense à rechercher les causes du mal, et les sources du bien moral et social.

Cet ouvrage périodique paraîtra chaque mois par livraison de trois feuilles.

On souscrit à Paris :

Chez l'Auteur, rue Cadet, 19.

Ad. Le Clere et Cᶜ, Libraires, rue Cassette, 29.

Et chez les principaux Libraires de la Capitale et des Départemens.

Prix : 18 fr.

Les lettres et paquets doivent être affranchis.

DÉDICACE A MARIE.

O Cœur immaculé, pur rayon de lumière,
Des richesses de Dieu céleste trésorière,
Dont l'amour nous unit par le sacré lien
De la chair et du sang à l'auteur de tout bien !

Vierge qui nous chéris, exempte de foiblesse
Et des fragilités de l'humaine tendresse,
Pour nous purifier, nous élever au ciel,
Et nous assimiler à ton Fils immortel !
Qui, régnant dans les cieux, brûles pour cette terre
D'un amour plus ardent que la plus tendre mère,
Et dispenses sur nous, tes bien-aimés enfans,
De ton Fils immolé les mérites sanglans !

O Mère de douleurs, d'amour, de sacrifice,
Qui voulus à longs traits boire au divin calice,
Unir ton sacré cœur au céleste pardon ,
Ce cœur percé d'un glaive au prix de la rançon,
En être aussi pour nous l'instrument et le gage,
Et mère, nous donner le ciel pour héritage !

Daigne entendre les vœux, et compatir aux maux
D'un troupeau délaissé, pauvre, sans pâturage,
Troupeau jadis nourri par cet aigle de Meaux,
Qui, sous ton étendard, de sa voix triomphante,
Renversa de l'erreur la ligue frémissante...

Daigne bénir cette œuvre et féconder le grain
Qu'à ce champ de Chauffry ma faiblesse confie ;
Protège son pasteur de ta puissante main ;
Que son temple renaisse à la voix de Marie !

Daigne agréer ce tribut que mon cœur
Doit à la vérité... Fais que, moins oppressée,
Des filets du sophisme enfin débarrassée,
Elle éclaire la France et la rende au bonheur !!

G.-B. Battur.

DE
L'INDÉPENDANCE

ET DES

RAPPORTS NÉCESSAIRES

DE L'ÉGLISE,
DE L'ÉTAT ET DE L'ENSEIGNEMENT PUBLIC.

———————

DE beaux talens et les immortelles pro-
testations du Clergé français ont répandu
sur cette question fondamentale de vives lumières; mais ils nous semblent n'en avoir
éclairé qu'une face.

Le temps de l'incrédulité et des persécutions systématiques est passé; mais non celui
des préjugés intéressés, opiniâtres, et de la volonté propre. On veut bien, dans les rapports
de l'ordre religieux et de l'ordre politique,
reconnaître l'importance d'une règle d'action,
mais l'on repousse une loi commune; on veut
de la règle pour les autres, mais non pas pour
soi. L'aveuglement de la passion d'une part,
et le soin exclusif de la défense, de l'autre,
ont fait négliger un principe nécessaire au salut des peuples, et dont il faut préparer la réa-
lisation pour des temps de calme et d'ordre.

Cet esprit d'indépendance ou plutôt d'exclusion, qui nie l'empire d'une vérité supérieure à la raison humaine, reine du ciel et de la terre, et la séparation de cette fille de Dieu méconnue, qui abandonnerait la société civile à elle-même, ne pourraient avoir qu'un résultat fatal : ce serait de détruire toute autorité sérieuse sur les consciences, en laissant croire aux peuples qu'en dernière analyse la civilisation et la religion catholique sont choses distinctes et à part; que la civilisation peut, sans se préoccuper de savoir s'il existe une religion vraie, marcher à des conquêtes nouvelles, et qu'il est, dans l'ordre moral et philosophique, un progrès indéfini complétement étranger aux vérités fondamentales du christianisme.

Antagonisme funeste et insensé, rivalité contre nature, qui n'aboutirait à rien moins qu'à renouveler la corruption de la civilisation païenne ou la nuit de la barbarie.

C'est là, nous dira-t-on, une crainte chimérique dont le perfectionnement de nos mœurs doit désormais nous affranchir... Sans doute le retour de tels excès n'est pas possible, tant que l'esprit du christianisme circulera dans la civilisation moderne, et que, sublime ventilateur, il en renouvellera l'air et la vie...

Mais si, par un effet de ce divorce et des folies
d'une raison sans guide et sans frein, la foi
catholique disparaissait de la France, ah! l'on
verrait quelque chose de non moins odieux
que sous le règne de la philosophie antique.
Alors certains hommes avaient saisi quelques
rayons de la vérité qu'ils cachaient au vul-
gaire, et cette philosophie tolérait l'esclavage,
le divorce, la répudiation, l'exposition et le
meurtre du nouveau-né; elle rendait l'amour
de la patrie exclusif de celui du genre humain,
faisait du brigandage envers les autres peuples
un droit naturel, de l'usure et de la cruauté
révoltante sur la personne des débiteurs une
chose légale et permise, du mépris et de la pro-
fanation de la nature humaine un jeu barbare,
des liens les plus sacrés un trafic, de la violence
et de l'oppression une condition de la liberté.

Mais quels seraient donc aujourd'hui les
fruits de ce rationalisme perfectionné, de ce
panthéisme et de cette philosophie nouvelle
qui sous le nom d'éclectisme proclame son indépendance complète de la religion, et qui
veut et croit pouvoir plus que le christianisme?

Levons seulement un coin du voile qui
couvre la société telle qu'on nous l'a faite de
nos jours. Dans les mœurs une corruption
plus subtile, plus habilement combinée, plus

intime ; une scélératesse infernale de libertinage, qui, des romans, des feuilletons et des
théâtres, passe dans les faits, et qui tout ré-
cemment encore vient de faire reculer d'épou-
vante la capitale de la civilisation ; la sainteté
du mariage méconnue et réduite au vil cal-
cul d'un pacte ou d'une spéculation intéressée ;
la multiplication toujours croissante des infan-
ticides et des enfans trouvés; la progression
des crimes en raison directe de la progression
de l'enseignement primaire et supérieur; le
dégoût de ce qui est; une fièvre de change-
ment; une soif de jouissances nouvelles; partout le suicide comme dénoûment aux mé-
comptes, au désespoir d'une vie matérialisée;
partout la fraude et cet esprit de falsification
qui s'attache jusqu'à l'alimentation du peuple;
partout un égoïsme sans pudeur qui veut de l'or
et des places à tout prix ; qui trafique de tout ce
qu'il y a de plus sacré sur la terre, des principes et des intérêts généraux, et immole froide-
ment la vérité, la justice et la liberté à d'inexo-
rables appétits; partout un mépris savant et cal-
culé de l'honneur et de la vertu... On frémit à
la seule pensée de cette débauche effrontée de
la nature humaine, et de cette perversité du
libre arbitre, qui, se jouant de l'autorité de
Dieu, de la logique et de la raison éclairées et

guidées par l'Esprit saint, outragent ses dons, tournent en poisons les lumières divines mêmes, et font servir jusqu'au perfectionnement des facultés intellectuelles, dû au christianisme seul, à la dissolution et au renversement de l'ordre moral... Que serait-ce donc si les dernières lueurs de la foi étaient éteintes (1) !!!

Ah! quand Jésus-Christ a dit *que son royaume n'était pas de ce monde, qu'il faut rendre à César ce qui est à César, et à Dieu ce qui est à Dieu;* cela ne signifiait point que l'influence de sa doctrine sur le bonheur temporel des peuples ne fût pas nécessaire, et qu'elle ne dût pas être féconde, immense en bienfaits politiques. La religion vraie est l'aromate qui, selon l'expression de Bacon, conserve la science et l'empêche de se corrompre. Opérant sur les volontés individuelles des prodiges, puisqu'elle les change et les rectifie, elle doit exercer la même action sur les sociétés politiques : ou Dieu cesserait

_____

(1) II. On ne trouve plus de saints sur la terre; il n'y a personne qui ait le cœur droit; tous tendent des piéges pour verser le sang; le frère cherche la mort de son frère. III. Ils appellent *bien* le mal qu'ils font; le prince exige; le juge est à vendre; un grand fait éclater dans ses paroles la passion de son cœur; et *ceux qui l'approchent* la fortifient. IV. Le meilleur d'entre eux est comme une ronce, et le plus juste comme l'épine d'une haie... » (Le prophète *Michée,* ch. 7.)

d'être le Dieu tout-puissant, créateur du ciel et de la terre, et conservateur de toutes les choses créées.

Aussi la doctrine des plus illustres Pères de l'Eglise, de Fénelon et de Bossuet, sur la distinction des deux puissances, bien loin de décliner la nécessité de leur union, a-t-elle eu pour objet, au contraire, de rendre à chacune la force qui lui est propre, pour édifier en commun, et pour assurer le triomphe de la vérité parmi les hommes. Rien de plus erroné, de plus dangereux que cette précision apparente qui veut, à l'aide de quelques textes, formuler une séparation entre l'Eglise et l'Etat.

Ce sujet est de la plus haute gravité ; et pour établir en peu de mots l'indépendance et les Rapports nécessaires de l'Eglise, de l'Etat et de l'Enseignement public, je m'appuierai, 1° sur la parole de Dieu et sur les conditions essentielles des bonnes lois et des bonnes mœurs; 2° sur l'histoire de tous les peuples. Sans cette union, les empires déclinent et périssent; sans cette union, les mœurs et les lois disparaissent devant une irrémédiable anarchie.

J'indiquerai ensuite dans une deuxième partie le système de législation qui doit exprimer et consacrer ces rapports nécessaires.

PREMIERE PARTIE.

CETTE INDÉPENDANCE ET CETTE INSÉPARABILITÉ
SONT PROUVÉES
PAR LA PAROLE DIVINE ET PAR L'HISTOIRE.

§ I.

La parole de Dieu et les conditions essentielles des bonnes
lois et des bonnes mœurs font de cette indépendance et de
cette corrélation une nécessité.

Quoi que disent et fassent les politiques et
les puissans d'un jour, le temps n'est qu'un
point, et tout sur la terre n'est qu'une tran-
sition rapide à l'éternité. La grande erreur
des hommes est de renfermer dans ce qui
passe leurs espérances et leur bonheur, et
même, en croyant à l'immortalité, de séparer la terre du ciel ; de telle sorte que l'ordre politique et civil est, à leurs yeux, quelque chose à part qui n'a rien de commun
avec la céleste patrie. Cette direction d'idées,
dans un sens qui élève une barrière entre
les empires et la religion, entre les devoirs
des chefs des États et l'accomplissement de
la loi chrétienne, va jusqu'à entraîner quelques fidèles, et des prêtres mêmes de Jésus-

Christ, à croire que c'est un bien et une
situation naturelle pour la religion d'être
isolée, abandonnée des princes de la terre,
persécutée même. Sans doute la vertu,
la puissance de Jésus-Christ éclatent au mi-
lieu de l'isolement et des persécutions, et le
maître de toutes choses n'a pas besoin du
pouvoir humain pour assurer, quand il le
veut, son triomphe. Mais si ce n'est pas par
rapport à la puissance divine, que ce soit du
moins pour la glorification de Dieu par les
hommes, pour le salut du plus grand nombre d'ames possible, pour faciliter à la vertu
la propagation de la vérité, à la faiblesse le
remède à ses infirmités et à ses incertitudes.
Saint Paul l'a dit : *La grâce de Dieu opère*
avec moi, et mon salut se fait par Jésus-Christ
avec moi, et non sans moi. Il faut donc non-
seulement que les individus, mais que les
empires eux-mêmes, que les gouvernans
s'unissent à cette action, et qu'ils dirigent
cette vie terrestre de l'homme vers la grande
fin des choses humaines. La religion ne doit
jamais devenir un instrument politique, ni
être abaissée aux moyens humains ; mais tous
les instrumens politiques, tous les moyens
humains doivent se retremper, se diviniser,
s'éterniser dans la religion.

Ainsi, la logique gouvernementale cher-
chera sa base et son appui dans cette logique céleste qui rapporte tout à Dieu, et dont
le point de départ nécessaire est désormais,
quoi qu'en disent les philosophes de l'Université, le grand fait de notre rédemption.
Car cette grâce, cette vie qui en découle,
c'est le bien moral, c'est l'accomplissement de
la loi de notre nature, qui consiste à tendre
vers Dieu, à lui être fidèle. Or, ce bien moral peut-il être séparé du bien politique? Et
peut-il y avoir une philosophie digne de ce
nom qui n'y soit conforme?

La justice sera donc infinie, si je puis parler
ainsi, dans son motif et dans son objet : c'est
le seul moyen de la rendre supérieure aux passions, à la cupidité, à la crainte ou à la faveur.

La science ne se renfermera jamais dans
un cercle d'idées abstraites, de faits physiques et économiques; elle tendra sans cesse
à ouvrir à l'esprit humain les portes de la
science impérissable et infinie, clef et régula-
trice de toutes les autres, comme l'ont fait
saint Clément d'Alexandrie, Origène, saint
Augustin, saint Jérôme, saint Athanase, saint
Ambroise, et nos plus grands Pères de l'É-
glise, qui ont abordé et traité à fond un
plus grand nombre de questions philosophi-

ques, et plus reculé les bornes de la science humaine, que tous les philosophes ensemble de l'antiquité. La science humaine, en effet, n'est qu'une faible image, qu'un reflet de la science divine ; et, dans cette science divine, on trouve tous les trésors de la plus haute philosophie, de l'économie politique la plus féconde, de la diplomatie la plus sûre, la plus efficace, de l'administration la mieux organisée, de l'éloquence la plus victorieuse et la plus entraînante.

Les mœurs ne consisteront pas uniquement dans la satisfaction qui accompagne une vie réglée, dans le bonheur domestique, dans la pudeur naturelle, dans la honte de ce qui est mal, dans l'amour de l'estime publique, et dans la crainte du mépris et des châtimens. Franchissant ces idées intermédiaires, elles s'affilieront à l'éternité des récompenses et des peines, établissant leur empire sur la ruine de l'égoïsme, sur l'extirpation de l'orgueil, sur la transformation du cœur de l'homme conduit à croire et à pratiquer cette parole du Sauveur : *Le commandement de Dieu, c'est la vie éternelle.*

Les lois ne consisteront pas seulement dans le précepte humain, dans le commandement et dans la crainte des châtimens temporels, mais dans cette législation vivante, écrite dans la conscience, dans le cœur et dans les œuvres, dans cet esprit de foi, dans cette vertu régénératrice qui est la grâce sanctifiante qui renouvelle les hommes pour le bien et leur donne la force de vaincre le mal. Le vice de la législation civile et politique des peuples est précisément cette institution arbitraire de prescriptions et de peines qui n'ont point leur sanction dans la loi de l'Evangile, ou qui souvent lui sont contraires. Que signifie une répression qui n'amende point et qui ne rend pas les hommes meilleurs ? Où peut aboutir un système qui ne s'attache point à prévenir le mal, et qui se borne à tarifer les actions humaines, sans purifier la source d'où elles émanent ?

Pour que les lois pénales aient de la proportion, de l'harmonie et de la force, il faut réveiller la honte qui en est le principal ressort ; et pour réveiller la honte, il faut réveiller la conscience. L'uniformité de la peine ou son atrocité est la plus grande marque de l'indifférence publique pour les principes, et de la corruption des mœurs chez les gouvernans et les gouvernés. « C'est un grand mal parmi nous, dit Montesquieu (1), de

(1) *Esprit des Lois.* Liv. VI, chap. xviii.

» faire subir la même peine à celui qui vole
» sur un grand chemin et à celui qui vole et
» assassine. » Il faut que la plus grande partie
de la peine soit l'infamie de la souffrir (1),
et que dès lors il y ait une gradation dans
les peines, comme il y en a dans la déprava-
tion même, afin que mille barrières arrêtent
sur la pente de l'abîme, et pour lui-même,
et pour la sûreté publique, l'homme qui a
abandonné la vertu. Or, ces gradations et ces
barrières, où les trouverez-vous, si ce n'est
dans les ames qui portent, malgré leurs éga-
remens, l'empreinte profonde de la foi, et
chez qui cette foi pourra se réveiller, même
dans le crime? Alors vous pourrez combi-
ner un système pénitentiaire avec le ressort
de la honte, de la terreur et de l'exemple.

Quelle peut être la puissance paternelle qui
ne tient pas directement son autorité de Dieu?
l'institution du mariage qui ne reçoit pas son
caractère d'indissolubilité de la religion catholique? les mœurs de la famille qui ne puisent pas à cette source la double sanction de
l'autorité et de la perpétuité? la propriété
qui n'a pas reçu son origine de ce commandement de Dieu : *Le bien d'autrui tu ne
prendras ni retiendras à ton escient.* Vienne

(1) *Esprit des Lois.* Liv. IV, chap. xii.

un moment d'orage, une crise, un change-
ment politique, les mœurs seront trop fai-
bles pour résister aux passions spoliatrices,
et la propriété disparaîtra avec le trône et la
religion. Une surface d'ordre matériel, de
possession paisible, n'est pas propre à rassurer
sur le fond des choses ; la mer n'est pas toujours calme, et si le vaisseau de l'Etat n'a-
vait ses ancres, que Montesquieu appelle *la
religion et les mœurs,* quelle seroit sa destinée ? On en peut juger par cet affaiblisse-
ment universel qui se manifeste aujourd'hui
dans les liens de famille, dans les sentimens
naturels et dans les sentimens publics. L'a-
mour et le respect d'un père, d'une mère,
cèdent la place à la soif de l'or, et il n'est pas
rare de voir aux prises dans la société que le
matérialisme nous a faite, ceux que Dieu
avait unis par un lien mystérieux et sacré.
Que dirons-nous de ces accouplemens créés
par l'intérêt, qui, sous le nom de mariage,
renferment le principe de tous les désordres
et des crimes les plus horribles ! Quand il
n'y a point d'autorité au ciel, comment y en
aurait-il sur la terre ? Et quelle folie de
chercher un remède à de tels maux dans la
justice humaine !

C'est donc une erreur grave, fondamen-

tale, que celle qui croit pouvoir séparer le
pouvoir social du pouvoir religieux. Ils ne
doivent pas sans doute résider dans la même
main. L'un est une délégation de Dieu, et
s'exerce par les hommes; l'autre c'est l'autorité de Dieu exercée par Dieu même : c'est
la clef des consciences et des cœurs, c'est le
nerf et la règle de la vie humaine, c'est tout
l'homme.

Or, la société peut-elle avoir d'autre but
que le bonheur de l'individu par la religion?
« Sachez, ô grand empereur, disoit le pape
» saint Grégoire au pieux empereur Maurice,
» que la souveraine puissance vous est ac-
» cordée d'en-haut, afin que la vertu soit ai-
» dée, que les voies du ciel soient élargies,
» et que l'empire de la terre serve à l'empire
» du ciel. » Et Bossuet en expose deux belles
raisons: l'une que la vertu, doublement à l'é-
troit, et par elle-même et par ceux qui la
persécutent, a besoin d'être soutenue dans ce
sentier solitaire et rude où elle grimpe plutôt
qu'elle ne marche; l'autre qu'on ne peut rien
imaginer de plus malheureux que de ne pouvoir conserver sa foi sans s'exposer aux supplices, ni sacrifier sans trouble, ni chercher Dieu qu'en tremblant. (*Oraison funè-
bre d'Henriette d'Angleterre.*)

Et, en effet, si la religion est séparée de
l'état social, si celui-ci peut faire à celle-là
une guerre tantôt sourde, tantôt violente ;
si la liberté catholique n'est pas une loi fondamentale de la société civile, à quelles épreu-
ves, à quel martyre ne livrez-vous pas les
confesseurs de la foi, et de quel nombre infini de difficultés, d'obstacles de tous genres
ne hérissez-vous pas pour les peuples les
voies du salut ? « J'ai toujours pensé, disait
» Leibnitz, qu'on réformerait le genre hu-
» main, si l'on réformait l'éducation de la
» jeunesse. » Or, cette réforme sera désormais impossible, puisque cette jeunesse sera
tiraillée en sens contraire, et qu'elle recevra
de deux institutions, peut-être ennemies,
deux éducations différentes.

Cette unité de principes et de foi dans la di-
versité des fonctions temporelle et spirituelle
ressort des saintes Ecritures et de la doctrine
de tous les grands hommes ; elle a son type
dans ces paroles de saint Paul, Epître aux Co-
rinthiens, ỹ. 11 et suivans : « Comme notre
» corps n'étant qu'un est composé de plusieurs
» membres, et qu'encore qu'il y ait plusieurs
» membres, ils ne sont tous néanmoins qu'un
» même corps, il en est de même du CHRIST
» ENTIER... Si tous les membres n'étaient

2

» qu'un seul membre, où serait le corps?..
» Mais il y a plusieurs membres, *et tous ne*
» *sont qu'un seul corps.* » Ces paroles s'appliquent à l'humanité tout entière comme à l'Eglise, et aux diverses nations qui composent l'une et l'autre : ces divers membres, dans les fonctions qui leur sont propres, sont tous subordonnés au *Christ* dont ils doivent concourir à former le corps. Quand ces nations ne le servent pas, elles outragent son corps, et comme elles ne peuvent l'anéantir, ni n'en reçoivent la vie, elles en sont brisées. *Judicabit in nationibus, implebit ruinas; conquassabit capita in terrâ multorum* (Ps. 109). Dans la même Epître, saint Paul ajoute, ch. xv, ℣. 24 :
« Ensuite viendra *la consommation de toutes*
» *choses,* lorsqu'il aura remis son royaume à
» Dieu son Père, *et qu'il aura détruit tout em-*
» *pire, toute domination et toute puissance.* »
℣. 25 : « Car Jésus-Christ doit régner jusqu'à
» ce que son Père lui ait mis tous ses ennemis
» sous ses pieds. » ℣. 26 : « Or la mort sera le
» dernier ennemi qui sera détruit, car l'Ecri-
» ture a dit que *Dieu lui a mis tout sous les*
» *pieds et lui a tout assujetti...* » ℣. 28 :
« Lors donc que *toutes choses auront été as-*
» *sujetties au Fils,* alors le Fils sera lui-même
» assujetti à celui qui lui aura assujetti toutes

» choses, *afin que Dieu soit tout en tous.* »

Or, conçoit-on que ce grand Dieu qui a tout assujetti à son Fils, ne lui ait point assujetti les empires? Et n'y aurait-il pas extravagance à regarder les nations comme autre chose que des membres de Jésus-Christ?

« Que je méprise, dit Bossuet (Oraison fu-
» nèbre de Marie-Thérèse d'Autriche), les
» philosophes qui, mesurant les conseils de
» Dieu à leurs pensées, ne le font auteur que
» d'un certain ordre général d'où le reste se
» développe comme il peut! Comme s'il avait
» à notre manière des vues générales et con-
» fuses, et comme si la souveraine intelli-
» gence pouvait ne pas comprendre dans ses
» desseins les choses particulières qui *seules*
» *subsistent véritablement!* N'en doutons pas,
» chrétiens, Dieu a préparé dans son conseil
» éternel les premières familles qui sont la
» source des nations, et dans toutes les na-
» tions les qualités dominantes qui devaient
» en faire la fortune. Il a aussi ordonné dans
» les nations les familles particulières dont
» elles sont composées, mais *principalement*
» *celles qui devaient gouverner ces nations,*
» *et particulièrement, dans ces familles, tous*
» *les hommes par lesquels elles devaient ou*
» *s'élever, ou se soutenir, ou s'abattre.* »

Et en effet, ce qui paraît être l'œuvre de l'homme n'est dans le fond que celle de Dieu. Le temps, les événemens, les circonstances, l'histoire, les intérêts formés, le caractère et le tempérament des peuples, leurs mœurs, déterminent leurs institutions et leurs lois, et ces peuples ne font que les déclarer, bien loin de les créer eux-mêmes. Nous ne parlons point ici de mœurs dégradées, mais de mœurs conformes à l'éternelle vérité. Les peuples chrétiens ont tous ce principe, ce germe des bonnes mœurs ; ils sont faits pour elles ; c'est au législateur à les rectifier, à compléter l'œuvre d'après ce modèle. Là où la lumière a brillé, où le cachet de la vérité catholique a été imprimé, il n'est plus loisible de s'écarter de cet exemplaire éternel, de cette loi des lois, et il est plus véritable encore, s'il est possible, de dire que les constitutions et les lois humaines ne peuvent se passer du témoignage de l'autorité de Dieu, ou de la sanction de la doctrine et des lois promulguées par Dieu lui-même.

C'est en vain que pour rejeter ce joug salutaire on accuse le catholicisme des cruautés de l'inquisition, de l'ignorance et de la superstition espagnoles dans les derniers siècles. C'est comme si on lui attribuait la barbarie

du moyen-âge qu'il combattit infatigable-
ment, et cette corruption profonde qui cou-
vrait le monde à son apparition, et dont il
parvint à triompher. Que nos panthéistes et
nos sceptiques (1), du haut de leurs chaires
salariées par l'Etat, substituent la dégradation
et les passions des hommes à l'instrument de
toute vertu et de toute civilisation, qu'ils es-
saient de mettre en regard, d'un côté ce qu'ils
appellent *le catholicisme barbare de l'Ibérie,*
et de l'autre ce qu'ils nomment *le catholicisme sophistique et insidieux du Nord,* afin
de mieux réussir à jeter la confusion dans les
esprits et le doute dans les ames ; nous leur
répondrons, l'histoire à la main, que le catholicisme a détruit l'esclavage dans le monde
païen, qu'il a créé l'amour des hommes et la
bienveillance de peuple à peuple jusque-là in-
connue, qu'il a rendu aux femmes leur dignité, aboli le divorce, la répudiation et la
polygamie, qu'il a dissipé la barbarie, sauvé
les lettres, les sciences et les arts, fécondé le
sol sauvage de l'Europe, qu'il a répandu dans
les mœurs domestiques la douceur, le respect
et la force, ennobli et divinisé la puissance
paternelle, fondé le pouvoir social et l'obéissance consciencieuse ; qu'il est aussi absurde

(1) M. Edgar Quinet.

d'imputer au catholicisme la cruauté et la
folie des hommes, qu'il le serait d'attribuer au
médecin les affections morbides et le désordre
des organes de la vie; que, s'il est un fait historique universellement établi et constaté par
les plus grands publicistes, c'est que nous de-
vons au catholicisme « et dans le gouverne-
» ment, dit Montesquieu, un certain droit po-
» litique, et dans la guerre un certain droit
» des gens que la nature humaine ne saurait
» assez reconnaître. » C'est que le catholicisme
« est surtout admirable, ajoute M. de Châ-
» teaubriand, pour avoir converti l'homme
» physique en l'homme moral; c'est que tous
» les grands principes de Rome et de la Grèce,
» l'égalité, la liberté se trouvent dans la reli-
» gion catholique, mais appliqués à l'ame et
» au génie, et considérés sous des rapports
» sublimes. »

Or, où sont les archives des lois divines de
céleste thaumaturge, quel en est l'interprète,
le gardien, le dépositaire? Le corps de
l'Eglise, ou la tradition certifiée par elle. Et
quelle est l'autorité invisible qui fait mouvoir
ce grand corps? Celle de Jésus-Christ. Quel
est l'organe de cette autorité sur la terre? Le
successeur de saint Pierre, l'évêque des évêques, le pasteur des pasteurs, sans lequel rien

ne peut se décréter ni s'accomplir, et la réunion des évêques qui ne font avec lui qu'un tout inséparable et indivisible.

L'autorité politique doit donc se modeler sur cette constitution divine, et y puiser sa force et sa vie. Non qu'elle doive relever d'elle dans ses actes, puisque ces deux autorités ont été séparées par Jésus-Christ ; mais très-certainement l'autorité civile et politique a le même principe qui est Dieu, et elle sera d'autant plus parfaite qu'elle sera plus attentive à mettre en pratique la doctrine dont l'autorité spirituelle sur la terre a le dépôt. Réciproquement elle inclinera d'autant plus à sa ruine, qu'elle s'en écartera davantage. Bien que l'indépendance soit le caractère de chacune de ces deux fonctions, il est sensible, en effet, que relevant d'un même principe, la deuxième ne saurait, sans un mal extrême, s'éloigner de ce principe et de ses lois essentielles. Or, ces lois sont celles dont l'Eglise a le dépôt. Donc il doit y avoir union intime entre l'Eglise et l'Etat, leur enseignement public, et harmonie entre leurs doctrines et leurs lois.

Il suit donc de ce principe indivisible de l'autorité, que les pouvoirs civils ne doivent point consacrer dans leurs lois ce qui choquerait l'autorité spirituelle, et que l'autorité spirituelle doit prêter main forte à toutes les ordonnances civiles qui ne blessent point le fondement de la morale chrétienne. Avant tout, une vérité *une, immuable,* doit être admise, ou il n'y a ni société, ni gouvernement possibles. Et, ce fondement admis, une corrélation nécessaire en dérive entre l'organe de cette éternelle vérité sur la terre, et le gouvernement temporel des peuples.

Ce n'est point exclure la liberté des cultes. Cette liberté des cultes n'est qu'un fait protégé par la loi civile, mais non pas encouragé par elle dans son principe. La loi civile ne peut admettre tout ensemble la vérité et l'erreur; et si elle ne fait point, si elle ne souffre pas que l'on fasse la guerre aux consciences, elle ne divise pas pour cela la vérité morale : de telle sorte que la loi n'aura qu'un culte dans sa morale et ses principes essentiels, bien que la police et l'administration en admettent plusieurs dans les actes de la vie civile, et dans les formes par où se manifeste la liberté des consciences.

La liberté humaine ne saurait être indépendante de la souveraineté de Dieu; car, comme dit Bossuet, *Traité du libre arbitre* : « Il est de la nature d'une souveraineté aussi

» universelle et aussi absolue que celle de
» Dieu, que nulle partie de ce qui est ne puisse
» lui être soustraite, ou exemptée en quelque
» sorte que ce soit, de sa direction. Or tout
» homme qui reconnaîtra qu'il y a un Dieu in-
» finiment bon, reconnaîtra en même temps,
» ajoute Bossuet, que les lois, la paix publique,
» la bonne conduite et le bon ordre des choses
» humaines doivent venir de ce principe ; car,
» comme parmi les hommes il n'y a rien de
» meilleur que ces choses, il n'y a rien par
» conséquent qui marque mieux la main de
» celui qui est le bien par excellence..... que
» si tant de bons effets *qui s'accomplissent*
» *par la liberté des hommes,* se rapportent
» toutefois si visiblement à la volonté de Dieu,
» il faut croire que tout l'ordre des choses hu-
» maines est compris dans celui des décrets
» divins. Et loin d'imaginer que Dieu ait
» donné la liberté aux créatures raisonnables
» pour les mettre hors de sa main, on doit ju-
» ger, au contraire, qu'en créant la liberté
» même, il s'est réservé des moyens certains
» pour la conduire où il lui plaît. »

Mais si la liberté humaine est dépendante
de la souveraineté de Dieu, donc les œuvres
les plus parfaites de cette liberté sont par excellence l'ouvrage de Dieu, et émanent de sa

souveraineté. Donc point de bon usage de la
liberté sans Dieu ; donc toutes les institutions
et les lois conformes à ce bon usage de la liberté ont le cachet de l'autorité divine. Donc
l'autorité civile qui les conserve émane de
Dieu : donc il doit y avoir un concert toujours croissant entre la liberté et l'autorité
religieuses, et la liberté et l'autorité civiles
pour l'observance des lois immédiatement
émanées de Dieu, afin que cette liberté et
cette autorité civiles se perfectionnent sans
cesse dans leur modèle et dans leur principe
qui est Dieu.

Et voilà pourquoi un grand penseur de nos
jours, véritable Isaïe politique, M. le comte
Joseph de Maistre, a dit : « Je crois que la
» vérité a besoin de la France..... Ah! si les
» rois de France avaient voulu donner main
» forte à la vérité, ils auraient opéré des mi-
» racles. *Mais que peut le roi, quand les lu-*
» *mières de son peuple sont éteintes?* »

Or les lumières du peuple sont éteintes,
quand ce peuple est abandonné aux caprices
de la raison individuelle. Vainement les ministres de Dieu lui présentent-ils le flambeau
de la foi, si les générations naissantes puisent
à des chaires libres de tout frein le poison de
l'incrédulité, de la révolte et de l'orgueil,

dans une philosophie affranchie de l'autorité de la foi. « Ce n'est point le peuple naissant » qui dégénère, a dit Montesquieu, *Esprit* » *des Lois;* il ne se perd que lorsque les hom- » mes faits sont déjà corrompus. »

Liberté donc dans l'Eglise et dans l'Etat pour l'exercice de leurs fonctions indépendantes, mais lien de droit nécessaire qui fasse respecter ces deux libertés, et qui en dirige l'essor vers leur but véritable; et, pour cela, liberté de l'enseignement de la jeunesse dans l'Eglise comme dans l'Etat; affranchissement du monopole, mais surveillance réciproque de l'autorité religieuse et de l'autorité civile dans l'intérêt du salut des générations naissantes; méthode commune pour l'instruction des peuples, afin de leur présenter sans cesse un corps de doctrine qui renferme toute la suite des vérités dogmatiques et morales, à commencer par l'existence de Dieu; droit à l'Eglise de se réunir en concile national à des époques déterminées pour conférer de l'administration des diocèses, dénoncer les abus, en détruire les causes, aviser aux moyens de relever la majesté du culte public, et renouveler le clergé dans l'esprit de sa vocation et dans toute la vigueur du sacerdoce de Jésus-Christ; abandon de l'injuste et ridicule pré-

jugé du gouvernement qui verrait dans ces
conciles une concurrence d'autorité, comme
si les limites de la puissance spirituelle n'é-
taient pas circonscrites par la nature de leur
objet; communication des résolutions de ces
conciles à l'autorité civile, pour convertir en
lois de l'Etat les points de discipline qui intéressent à la fois l'Etat et l'Eglise, pour hâter
la conclusion et l'exécution de concordats devenus indispensables au maintien du culte catholique en France et en Europe; et pour
faire concorder les lois civiles sur le mariage
et autres matières mixtes, avec les principes
essentiels de la foi catholique, pour réprimer
les abus et consacrer les droits de propriété
inhérens à la liberté de l'Eglise.

Ces grands principes furent proclamés par
les plus savans Pères de l'Eglise, et notamment par saint Ambroise qui les défendit en
face de l'empereur au péril de sa vie et de sa
liberté menacées. Comme l'empereur voulait
lui faire livrer aux Ariens la basilique Por-
cienne et même celle de Milan, il s'écria :
« Naboth ne voulut point donner l'héritage
» de ses pères, et moi je livrerais l'héritage
» de Jésus-Christ! A Dieu ne plaise que j'a-
» bandonne celui de mes Pères, de saint Denis
» qui est mort en exil pour la défense de la

» foi, de saint Eustorge, le confesseur, de
» saint Mérocle, et de tous les saints évêques
» mes prédécesseurs ! »

Voilà pour le droit de propriété des Eglises.

Maintenant voici pour l'autorité des évêques. Comme l'empereur lui fit ordonner de
choisir deux juges qui, réunis à ceux que l'empereur choisirait lui-même, jugeraient le dif-
férend en sa présence, saint Ambroise répondit : « Qui ne sait que dans les matières de foi
» les évêques sont juges des empereurs chré-
» tiens ? Vous voulez que je choisisse des juges
» laïques pour qu'ils soient bannis ou con-
» damnés à mort, s'ils défendent la vraie foi.
» Dois-je les exposer à la prévarication ou aux
» tourmens ? La personne d'Ambroise n'est
» pas assez importante pour que le sacerdoce
» soit déshonoré à cause de lui. La vie d'un
» homme ne doit point entrer en comparaison
» avec la dignité de tous les évêques. *Si l'on*
» *veut une conférence sur la foi, c'est aux*
» *évêques à la tenir.* C'est ainsi que les choses
» se sont passées sous Constantin, qui laissa
» les évêques juges de la doctrine. »

Enfin voici pour la distinction et les prérogatives des deux puissances. Saint Ambroise
s'étant retiré dans son église entourée de sol-
dats qui voulaient s'emparer de la basilique

et enlever saint Ambroise, ce saint, prélat
gardé par un peuple fidèle, prononça le Di-
manche des Rameaux le discours ayant pour
titre : *Il ne faut point livrer les Basiliques :*
« Qu'avons-nous dit dans nos réponses à l'em-
» pereur, qui ne s'accorde pas avec le devoir
» et l'humilité? S'il demande le tribut, nous
» ne le lui refusons point; les terres de l'E-
» glise contribuent aux charges publiques.
» S'il désire nos biens, il peut les prendre,
» personne de nous ne lui résistera. Je ne les
» donne point, mais aussi je ne les refuse pas.
» Les contributions du peuple sont plus que
» suffisantes pour assister les pauvres... Les
» prières des pauvres sont ma défense. Ces
» aveugles, ces boiteux, ces vieillards, sont
» plus puissans que les plus braves guerriers.
» Nous rendrons à César ce qui est à César, et
» à Dieu ce qui appartient à Dieu : *le tribut*
» *est à César, l'Église est à Dieu.* Personne
» ne peut dire que c'est-là manquer de res-
» pect à l'empereur. Peut-on l'honorer da-
» vantage que de l'appeler le fils de l'Église?
» L'empereur est dans l'Église, et non au-des-
» sus de l'Église. »

Tels sont les vrais principes constitutifs des
rapports nécessaires qui doivent unir l'Église
et l'Etat. C'est pour les avoir méconnus

qu'on a vu l'Eglise et l'empire livrés à de longues et cruelles convulsions, que, dans le dernier siècle, le relâchement et les passions les ont ravagés, et que plusieurs fois, depuis cinquante années, le trône et la liberté ont fait naufrage.

Oui, c'est énerver, c'est détruire la liberté que de la séparer du germe fécondant du christianisme. Que l'on parcoure toutes nos libertés nationales, et l'on verra s'il en est une seule qui ne puise son développement et sa sanction dans l'Evangile.

Sans le christianisme, l'élection sera confinée dans le monopole, et la prépondérance accidentelle d'une classe privilégiée fera la loi aux intérêts spéciaux, et laissera sans représentation la classe la plus intéressante de la nation. L'égoïsme régnera, et les intérêts généraux, mis à l'encan, seront abandonnés pour satisfaire aux nécessités exceptionnelles de la situation et à l'avidité des monopoleurs.

Sans le christianisme, la fiscalité et une législation draconienne étoufferont la liberté de la presse; la vérité est mortelle au monopole. Mais, avec le christianisme régnant dans la société civile, l'essor de la pensée affranchie des entraves du fisc sera sans péril. Ce

fut la censure qui, dans le cours du dix-
huitième siècle, centupla la puissance du mal
en paralysant celle du bien.

Sans le christianisme, la liberté commerciale et industrielle ne sera qu'un vain mot.
La faculté de produire, démesurément dé-
veloppée chez quelques hommes avides, em-
pêchera la juste répartition du salaire et de
la richesse, et ramènera une féodalité mille
fois pire que l'ancienne ; car elle opprimera
le physique et le moral des masses. L'esprit
de fraude et de sophistication envahira,
comme il le fait aujourd'hui, la plupart des
industries, et ce mal sera sans remède, puisque la droiture de la conscience peut seule
l'arrêter.

Sans le christianisme, l'esprit d'association si puissant pour le bien, et qui semble
particulièrement fait pour la France, sera
paralysé. La religion seule donne le secret
de ces vastes entreprises qui unissent les
hommes et les entraînent vers le même but.
Seule elle abaisse devant ces entreprises les
barrières d'un pouvoir ombrageux et les
calculs dissolvans de la cupidité. L'association dirigée par la charité remplacera désormais cette hiérarchie féodale, cette centralisation administrative, symbole tour à tour

du développement physique d'une nation inculte et dans l'enfance, ou d'une civilisation corrompue.

Sans le christianisme, le jury sera perverti ; seule la religion ne redoute point la conscience des hommes indépendans, parce qu'elle l'éclaire et la dirige.

Sans le christianisme, *l'accord des principes monarchiques et des libertés nationales* (1), loi essentielle à la France, sera impossible ; car le pouvoir sera la proie des ambitieux, et la liberté sera opprimée par les bastilles et le despotisme.

Ce baiser de paix que le pouvoir légitime et la nation se donnent au pied des autels, cette immolation du pouvoir qui ne veut que *servir la patrie* (2), cette fidélité de la liberté qui déteste l'orgueil des factions, ne peuvent être que le fruit de la religion chrétienne.

Et voilà pourquoi la religion entoure de ses pompes le serment solennel que prêtent les rois à leur sacre, de maintenir les libertés de la nation. C'est le sens véritable de cette onction divine qui coule sur le front des rois de France.

(1) Paroles de Henri de France.
(2) Paroles de Henri de France.

§ II.

L'histoire de tous les peuples démontre la nécessité de cette indépendance et de cette union.

Si le bonheur éternel est la fin de l'homme, à qui tout échappe ici-bas, si la société civile n'a pas d'autre objet que de lui assurer les moyens de se le procurer par la libre pratique des vertus chrétiennes et par l'adoration de Dieu en esprit et en vérité, il ne se peut que l'individu qui souffre temporellement du mépris de la loi divine, et qui peut éternellement en souffrir, n'ait pas à demander un compte terrible à la société qui y a mis obstacle ou qui a favorisé son impiété. Il ne se peut que cette société, par la corruption de ses membres, et par l'immoralité répandue dans toutes les classes de la population, ne soit pas elle-même en proie à une dissolution inévitable, et que sa destinée ne soit pas subordonnée à son plus ou moins de fidélité à la religion vraie et au culte public de cette religion. Comme un corps qui manque à ses conditions constitutives et à sa fin ne peut durer, de même les empires qui négligent l'éternelle vérité, qui lui sont infidèles ou qui la persécutent, doivent incliner à leur ruine.

Or, c'est là un grand fait que nous révèle l'histoire de l'univers.

Avant l'établissement du christianisme, le pouvoir flottait au gré des passions humaines ; la liberté, c'était une fièvre violente, un duel sanglant ; pour les peuples, le repos c'était le silence des tombeaux, l'affreux désert du despotisme et de la servitude : l'histoire de la Grèce et de Rome en fait foi.

Depuis l'établissement du christianisme, la rupture de l'unité religieuse ouvrit la porte à tous les genres de calamités politiques. Les prétendus réformateurs, sous prétexte de détruire les abus qui s'étaient introduits dans l'Eglise, et dont les vrais fidèles gémissaient et demandaient la correction, remirent en question les dogmes les plus importans, ébranlèrent tous les fondemens de la foi, et, pour réussir, ils sacrifièrent sans cesse à l'intérêt politique de leur secte, sans s'occuper au fond du mérite, de l'ensemble et de la durée de leurs opinions ; ils ne sauvèrent pas même les apparences, car leur confession de foi perpétuellement contradictoire, leurs transactions sur des points inconciliables pour se liguer contre l'Eglise catholique, le besoin et l'impuissance qu'ils éprouvaient de fixer par l'autorité tant de points controversés, et leur persévérance néanmoins dans une profession de foi que leur conscience démentait, le désaveu formel que Luther et Calvin ont fait des fondemens mêmes de la réforme posés par ceux-ci, tels que la *justice imputée, l'inamissibilité de la justice, la certitude de la prédestination, Dieu auteur du péché*, etc., l'horreur même que de tels fondemens inspirent à ceux des protestans qui, malgré leur illusion, portent un cœur chrétien ; tout démontre que l'orgueil, timide d'abord, mais audacieux quand il a pris de l'accroissement, fut la cause unique de la rupture. Henri VIII, le landgrave de Hesse, Edouard VI, Elisabeth, firent de leurs passions et de leurs intérêts politiques les rédacteurs de leurs professions de foi. L'Angleterre est en proie à d'interminables et sanglantes révolutions. La France, dont la loi fondamentale est interrompue pendant cinq règnes consécutifs, devient un théâtre d'horreurs. Le feu de la révolte, un instant comprimé, éclate en France par la conjuration d'Amboise, que tous les monumens historiques démontrent n'avoir été qu'une affaire de religion et une entreprise conduite par les réformés. La royauté et la société sont ébranlées jusque dans leurs fondemens ; la guerre au souverain est devenue le dogme des dissidens. L'Europe entière est en feu ; une force aveugle décide de la foi et du gouvernement, et se dispute, le glaive à la main, les lambeaux de l'Eglise et de l'Etat mutilés et déchirés. La rupture de l'unité religieuse conduit rapidement les peuples de la multiplication infinie des sectes au déisme, du déisme à l'athéisme ; et enfin la révolution avec son atroce et implacable délire vient couronner cette impiété.

Les réformateurs, en effet, pour renverser l'autorité légitime, furent obligés d'avoir recours aux princes et aux peuples, d'où résultèrent de continuels désordres dans l'Eglise et dans l'Etat. La violence fut une suite nécessaire de la confusion des deux pouvoirs, de l'abandon du principe d'unité, d'indépendance, et de corrélation de l'un et de l'autre ; et jamais la liberté de conscience ne fut plus complètement méconnue. Le despotisme politique l'étouffa pour ramener cette unité de principes religieux qu'il n'est pas au pouvoir humain de produire ni de rétablir. Témoin l'état affreux de l'Angleterre durant plusieurs siècles, et l'état actuel de l'Irlande et de la Pologne.

Il faut donc de toute nécessité prêter une oreille attentive et docile à la voix de Dieu, qui, se faisant entendre, soit par sa parole, soit par les événemens, soit par l'abaissement et la chute des empires, nous avertit que les puissances de la terre ne sont créées que pour ouvrir aux nations le chemin de la vérité, et que leur éloignement de cette voie divine est le signal certain de leur décadence et de leur ruine.

Que peut opposer le scepticisme à ces faits éclatans, littéralement accomplis tels qu'ils ont été prédits, ou qui ont suivi de près le mépris de la vérité catholique ?

Or, premièrement, cette voix de Dieu s'est fait entendre par l'ancien Testament, par les prophéties qui ont annoncé avec une admirable précision la formation, la durée et la chute des empires que l'on voit, au jour indiqué, se précipiter et tomber les uns sur les autres, et desquels on voit sortir l'Empire du Christ avec tous les caractères qui lui sont propres, et si clairement prédit qu'il est impossible de s'y méprendre.

Depuis la loi nouvelle, cette voix de Dieu s'est fait encore entendre par cette ma-

gnifique prophétie de saint Jean sur Rome,
qui en a si exactement annoncé l'abaissement, l'élévation, la ruine et la chute
finale, selon que le christianisme était protégé, méprisé ou persécuté par les empereurs,
qui a marqué par leurs noms ces empereurs
mêmes à ne pouvoir s'y tromper, et jusqu'aux
rois destructeurs de cette ville superbe. Le
même saint Jean, qui fut témoin de la ruine
prédite de Jérusalem, eut pour témoin de
l'accomplissement de sa propre prophétie
saint Jérôme. Pendant que saint Jérôme travaillait à Bethléem sur Ezéchiel, qui est l'ouvrage qui suit l'interprétation d'Isaïe, la
nouvelle vint à Bethléem, où il travaillait à
ce commentaire, que Rome était assiégée,
qu'elle était prise, puis ravagée par le fer et
le feu, et devenue, comme Jérusalem, le sé-
pulcre de ses enfans, que la lumière de l'u-
nivers était éteinte, la tête de l'empire romain
coupée, et, pour parler plus véritablement,
l'univers renversé dans une seule tête (1).
« Combien nous sommes édifiés, dit Bossuet,
» lorsqu'en méditant les prophéties, et en
» feuilletant l'histoire des peuples dont la
» destinée y est écrite, nous y voyons tant de

(1) Bossuet.

» preuves de la prescience de Dieu !..... Ces
» preuves inartificielles , comme les appel-
» lent les maîtres de rhétorique, c'est-à-dire
» ces preuves qui viennent sans art, et qui
» résultent, sans qu'on y pense, des conjonc-
» tures des choses, font des effets admirables.
» On y voit le doigt de Dieu , on y adore la
» profondeur de sa conduite , on s'y fortifie
» dans la foi de ses promesses ; elles font voir
» dans l'Ecriture des richesses inépuisables ;
» elles nous donnent l'idée de l'infinité de
» Dieu et de cette essence adorable qui peut
» jusqu'à l'infini découvrir toujours en elle-
» même de nouvelles choses aux créatures
» intelligentes. »

Et secondement, cette voix de Dieu s'est
fait entendre, comme nous l'avons dit, par
l'histoire humaine et par la tradition. Bossuet en a tracé le tableau dans le chapitre
de son discours sur l'histoire universelle ,
ayant pour titre : *Suite de la Religion ;* et
les événemens qui, depuis qu'il a déposé son
burin , se sont accomplis , fournissent une
preuve éclatante de plus de cette vérité.

La dégradation de la constitution, des
lois et des mœurs de la France, dans le
cours du dix-huitième siècle, cette politique
vacillante et contradictoire, cette diplomatie

vénale, ce libertinage de l'esprit et du cœur pour qui rien n'était sacré, cette chute de la France au quatrième rang des puissances de l'Europe dont elle occupait naguère le premier, furent les résultats de la substitution du philosophisme aux influences de la religion. La révolution française, l'ébranlement et le bouleversement de l'Europe depuis cinquante années, l'oppression de la Pologne et de l'Irlande, les convulsions de l'Espagne et cette agitation souterraine, ces bruits sourds précurseurs de la tempête, cette soif de faire fortune qui tend outre mesure les ressorts de l'industrie et déplace les élémens de la richesse publique, ce combat perpétuel des passions contre la vérité, ces conflits de la force et du droit, de la justice et du *fait accompli*, cette extinction progressive de la dignité humaine, de la dignité nationale, et du sens moral, n'ont pas d'autre cause que le mépris et la violation perpétuelle des rapports nécessaires de l'Eglise, de l'Etat et de l'enseignement public.

Et, en effet, contemplons un instant ici l'économie de la religion révélée. J'adjure ceux qui parlent avec dédain de la sollicitude des gouvernemens pour l'action sage et éclairée de la foi catholique sur la conscience et l'in-

telligence des peuples, d'être un instant atten-
tifs et exempts de préjugés.

Dieu a voulu que son verbe, que sa géné-
ration éternelle, que sa sagesse incréée, s'unît
à l'humanité pour racheter l'homme, et pour
faire succéder à l'univers déchu une création
nouvelle, supérieure à la première de tout ce
qui sépare l'infini du néant.

Ni les pompes de la terre souillée par le
péché, ni les moyens de la prudence et de la
sagesse humaine, ne pouvaient convenir à ce
Dieu fait homme... Une humilité infinie, un
mépris absolu du monde l'ont montré à sa
naissance, durant sa vie et à sa mort, n'ayant
où reposer sa tête, et ne cherchant d'autres
alimens que les opprobres, la douleur, la volonté de son Père et son amour pour les
hommes.

C'est de ses souffrances mêmes qu'il a tiré
sa gloire et la perfection de sa puissance, et
dans les humiliations volontaires de son
amour, supérieur à toute la rage de l'enfer,
qu'il a effacé la cédule de notre condamnation et aboli la puissance du démon.

La vertu, la puissance de Jésus-Christ,
étaient durant sa vie voilées de son humilité, et
l'effet de ses miracles se rapportait tout entier
au bien des hommes et à la volonté de son Père.

Et pourtant cette majesté, cette grandeur, cette puissance véritables, n'éclatèrent jamais avec plus de force aux yeux de Dieu son Père et des cœurs humbles, que lorsqu'elles étaient cachées dans cette crèche, dans cet atelier obscur, dans cette pauvreté, dans ces ignominies, dans ces humbles paraboles, dans cette mer de souffrances et d'opprobres qui le porta sur un infâme gibet.

Mais, après sa mort et sa résurrection, sa croix attire tout à elle; la parole de Jésus-Christ plane sur toutes les nations de la terre: les prophéties, les miracles, le mystère de ses ignominies, de ses douleurs et de son crucifiement deviennent en quelque sorte visibles et intelligibles au cœur des hommes; et une science nouvelle, embrassant le passé, le présent et l'avenir dans une magnifique unité, se développant par des faits multiples et d'une évidence éclatante, fondée sur l'immolation et le mépris de soi-même, change l'univers et le cœur des peuples.

C'est de l'ignorance et de la simplicité de douze pauvres pêcheurs, transformés subitement en aigles qui dérobent au ciel ses secrets, en lions qui bravent les périls, les supplices et la mort, *que sort le miracle des miracles*, la conversion de la gentilité et la formation de

cette Eglise impérissable, qui a pour colonne
la parole de Dieu, et pour vassales la nature
physique et l'histoire humaine, lesquelles
rendent hommage *à l'authenticité de ce grand*
fait qui remonte à l'origine du monde, qui
s'appuie sur la Genèse, les prophètes, l'Evangile, les actes des apôtres, et sur une tradition
non interrompue, et qui, à la différence des
faits humains, forme un tout inséparable, indivisible, dont chaque partie sert de preuve
au tout, et porte l'empreinte irrécusable de
l'œuvre tout entière : *fait régénérateur*, qui
se reproduit à chaque instant dans *ce corps de*
Jésus-Christ donné en nourriture aux hommes,
et qui se réfléchit dans le cœur de chaque
chrétien, miraculeusement guéri, et qui ne
peut l'être que *par cette toute puissante réa-*
lité même.

Devant cette inépuisable et infinie mer-
veille d'une logique transcendante et céleste
ayant toutes ses racines dans notre nature
morale et dans notre intelligence auxquelles
Dieu a parlé et fait sentir sa touche divine,
tombent toute philosophie, toute science contraire à l'Evangile, et sont réduits au silence
ces vains sophismes qui voudraient tirer des
observations faites dans les couches et les dé-
bris organiques du globe une preuve contre

Dieu lui-même, contre le péché originel, et contre la Rédemption.

C'est là le secret de la force des hautes études dans nos grands séminaires, de la vigueur et de la fécondité des méthodes du clergé enseignant, et de la merveilleuse aptitude de ses élèves à pénétrer à fond non-seulement la science ecclésiastique, mais les rapports de cette science avec la société et les sciences physiques; heureuse alliance qui donne au clergé la connaissance approfondie de Dieu, de la nature et de l'homme tout ensemble, et qui lui révèle avec les savantes notions du dogme, de la discipline et de la liturgie, les vrais principes de la controverse et du droit moral, les ressorts de l'éloquence et les enseignemens de l'histoire dont la science divine renferme le mystérieux enchaînement et les prophétiques leçons.

Or, en présence de ces vérités souveraines et des faits irrécusables qui les démontrent, la nécessité de l'union inséparable de l'Eglise et de la société civile, de leur harmonie, de leur concours, de leur tendance commune n'est-elle pas hors de doute? L'Eglise, dépositaire immuable et infaillible de ces vérités, peut-elle abandonner l'enseignement des générations que Dieu lui a confiées, et peut-elle res-

ter indifférente à ce que fera l'autorité temporelle pour seconder ou contrarier cette
mission que l'Eglise a reçue de son divin fon-
dateur? Et l'Etat, de son côté, ne doit-il pas
faire circuler dans les générations qui forment
le corps politique cette sève divine, et prêter
main forte à l'action de la vérité? L'Eglise
peut-elle s'immiscer dans le pouvoir politique,
et dégrader sa puissance d'en haut en aspirant
à porter ou à distribuer les sceptres de la
terre? Et l'Etat peut-il oublier un seul instant
qu'avant tout il faut ramener les peuples à
l'audition de la parole divine, et rétablir dans
ces esprits infirmes l'ordre des vérités et des
principes dont cette parole divine est le premier anneau, la source, la preuve et la fin
unique; que tous les arts, toutes les sciences
doivent être éclairés et dirigés par cette lumière intérieure, en présence de laquelle le
monde n'est que néant, et à laquelle la nature
a seulement emprunté, pour sa richesse et sa
perfection, une faible étincelle de ses infinies
et incompréhensibles beautés?

La nécessité de l'indépendance et du concours des deux puissances est donc la première de toutes les lois, et la condition suprême de l'instruction, du bonheur et du
salut des peuples.

SECONDE PARTIE.

DES LOIS QUI DOIVENT EXPRIMER ET CONSACRER
L'INDÉPENDANCE ET LES RAPPORTS NÉCESSAIRES
DE L'ÉGLISE, DE L'ÉTAT
ET DE L'ENSEIGNEMENT PUBLIC.

Il ne saurait exister de droit naturel immuable ou indépendant qui ne doive être protégé comme droit public par la constitution et les lois civiles. La liberté de l'Eglise ne serait qu'un vain mot, si elle ne formait pas une liberté publique ayant droit de cité dans l'Etat. Par cela seul que l'Etat, que la patrie forme la sphère d'action de l'Eglise, comment pourraient-ils demeurer étrangers l'un à l'autre, et ne pas se devoir compte des actes qui les intéressent réciproquement? Il existe forcément de ces questions mixtes sur la solution desquelles un concordat entre les deux puissances est nécessaire, soit que l'Etat se repose sur les autorités supérieures ecclésiastiques du soin de réprimer les abus, soit que l'on institue des tribunaux mixtes pour régler les conflits qui peuvent s'élever.

§ I.

Du droit de propriété de l'Eglise catholique.

La liberté du culte catholique est donc un droit public, et de toutes les libertés la plus excellente, puisque seule elle féconde, règle et sauve toutes les autres. De là, il suit nécessairement que ce culte a un droit de domaine inviolable sur tout ce qui le constitue, le soutient et le développe, et qu'il ne saurait dépendre en cela d'un pouvoir quelconque. S'il était réduit à un droit d'asile quand il convertissait le monde païen, il a acquis un droit de territoire depuis qu'il a créé la législation politique et civile des peuples.

Cette vérité a tant d'empire, elle ressort tellement de la nature des choses, que le droit de propriété de l'Église fut reconnu par les lois fondamentales et organiques du culte catholique, au sortir même de la révolution. La loi de 1789 avait mis à la disposition de l'Etat tous les biens ecclésiastiques. La loi du 19 août 1792 avait ordonné la vente des immeubles réels affectés aux fabriques des églises, et la loi du 13 brumaire an II en avait consommé l'expropriation. Survint le concordat du 26 messidor an IX, publié comme loi de l'Etat le 8 avril 1802, qui forme une convention diplomatique ayant, comme tous les trai-

tés de cette nature, un caractère essentiellement synallagmatique. Son but est la res-
tauration du droit de liberté et de propriété de l'Eglise catholique. Ce traité, loi
de l'Etat, abroge virtuellement et explicite-
ment la loi de 1789, en tout ce qui n'est point
consommé. L'article 13 de ce concordat
porte : « *Sa Sainteté* déclare, pour le bien de
» la paix et l'heureux rétablissement de la
» religion catholique, que ni elle ni ses suc-
» cesseurs ne troubleront en aucune manière
» les acquéreurs des biens ecclésiastiques *alié-*
» *nés*, et qu'en conséquence la propriété de
» ces biens (*aliénés*), les droits et revenus y
» attachés demeureront incommutables entre
» leurs mains ou celle de leurs ayans cause. »
Rien d'inutile, ni d'équivoque dans un acte de
cette importance. Le premier consul n'eût pas
manqué d'exiger la suppression des réserves
de cet acte, si elles n'eussent pas reposé sur le
principe convenu d'une restitution des biens
non aliénés, principe déjà fondamentalement
posé dans l'article 12 : « Toutes les églises mé-
» tropolitaines, cathédrales, paroissiales et
» et autres non aliénées, seront remises à la
» disposition des évêques. » Et, en effet, le
Saint Père, au nom de l'Eglise catholique,
s'imposait des sacrifices, même celui des siéges

4

des anciens titulaires; il consentait à une nouvelle circonscription de diocèses; il reconnais-
sait dans le premier consul les mêmes droits
et prérogatives qu'à l'ancien gouvernement.
A qui persuadera-t-on que de telles concessions
étaient sans réciprocité, surtout en présence
des termes formels de l'art. 13? Mais l'art. 15
porte : « que le gouvernement prendra égale-
» ment des mesures pour que les catholiques
» français puissent, s'ils le veulent, faire en
» faveur des églises, des *fondations*. » Le droit
de propriété est donc fondamentalement reconnu aux églises. L'art. 74 du réglement or-
ganique rédigé par ordre du gouvernement,
après l'échange des ratifications, explique
cette abrogation de la loi de 1789, et ne la
restreint qu'en ce sens, que les biens de l'Eglise
ne seront plus possédés à titre de fonctions éc-
clésiastiques. Et, en effet, l'exécution de ces
promesses fut réalisée, 1° par l'arrêté du
7 thermidor, an II, art. I, qui *rendit* aux
églises « les biens et rentes non aliénés des an-
» ciennes fabriques; » et, art. II, « les biens des
» fabriques et des églises supprimées qui sont
» réunies aux églises conservées. » 2° par le
décret du 28 messidor an XIII, qui *rendit* aux
fabriques « les biens et rentes des confréries
» précédemment établies dans les églises pa-

» roissiales; » 3° par le décret du 15 ventôse an XIII : « les biens et rentes non aliénés ni » transférés des métropoles et cathédrales, » chapelles et colléges des anciennes métro- » poles et diocèses ; » 4° par le décret du 30 mai 1806, qui *rendit* « les églises et presbytères » supprimés, et leurs biens ; » 5° par le décret du 17 mars 1809, « les églises et presbytères » aliénés et rentrés dans le domaine à titre de » déchéance ; » 6° par le décret du 8 no- vembre 1810, « les maisons vicariales, les » chapelles, églises et monastères actuelle- » ment disponibles ; » 7° par le décret du 30 décembre 1809, fondamental en cette matière, qui déclare (art. 36) propriété de l'E- glise, « le produit des rentes et les biens resti- » tués aux fabriques, les biens des confréries, » et généralement ceux qui auraient été affec- » tés aux fabriques par les divers décrets, etc. »

C'était si peu une affectation précaire, que les conseils de fabrique créés par le décret du 30 décembre 1809 furent spécialement chargés de délibérer sur les procès à entre- prendre ou à soutenir (art. 12, § 5), sur les baux emphythéotiques ou à longues années, sur les aliénations, échanges, et généralement sur tous les objets excédant les bornes de l'administration ordinaire des biens de mineurs, et désormais il passa en jurisprudence que c'est aux fabriques et non aux communes qu'il appartient d'intenter et de soutenir les actions relatives à la *propriété* ou à l'usage des églises. De plus, un avis du conseil d'État, du 3 janvier 1807, avait décidé que l'envoi en possession des fabriques, pour les biens non aliénés, n'était qu'une formalité qui les réintégrait, *ex causâ antiquâ,* à titre de restitution et non de remise de grâce; et l'avis du conseil d'Etat, du 25 avril 1807, porte que tout immeuble ou toute rente dont l'aliénation ou le transfert n'avaient pas été consommés, doivent leur *retourner* et leur être *restitués;* et enfin toutes contestations relatives à la propriété de leurs biens, et toutes poursuites à fin de recouvrement de leurs revenus, *ne pourront être déférées qu'aux tribunaux ordinaires.* (Art. 61 du décret du 30 décembre 1809.) La commune n'apparaît que pour discuter sa portion des charges *comme paroissienne,* et si elle s'y refuse, c'est l'autorité supérieure qui prononce.

Mais quand ce droit de propriété de l'Église ne ressortirait pas évidemment de tous les arrêtés et décrets rendus en exécution du concordat de 1802, il faudrait encore le promulguer comme une condition sans laquelle

il n'est pas de liberté possible. Si cette liberté
et cette qualité de *personne civile*, ou ce droit
de propriété, ont été implicitement reconnus
sous le consulat et l'empire, bien que portant
encore l'empreinte d'une législation excep-
tionnelle, elles doivent être pleines et en-
tières, aujourd'hui que la France est rentrée
dans le droit commun, qu'une corrélation
nécessaire unit les deux pouvoirs, et que leur
indépendance légale et politique est proclamée. Il faut donner aux lois organiques des
cultes, et aux décrets qui ont fait corps avec
elles, une nouvelle énergie et un sens complétement réparateur. S'il en était autrement,
l'Eglise catholique pourrait être soumise à des
exigences qui blesseraient les principes les
mieux établis, et elle serait moins favorisée
que les communautés qui peuvent acquérir.
Rien ne peut prescrire contre ces vérités :
c'est le droit naturel et fondamental de la civilisation chrétienne.

Or, ce principe une fois admis, quelles collisions seraient à craindre entre l'Église et
l'État? Les propriétés de l'Église seraient in-
violables au même titre que toutes les autres
propriétés. (Art. 8 de la Charte.)

Cette doctrine est conforme à la raison, à
l'éternelle justice, non moins qu'à la loi posi-

tive, à l'esprit et à la lettre de la constitution. Mais si l'on juge de la vérité d'une doctrine par ses résultats, que l'on calcule les effets salutaires et immenses de cette vérité mise en pratique. Un grand nombre d'agrégations d'habitans dans les campagnes manquent d'églises, et ce sont les plus pauvres. Or, le nombre des succursales à ériger est fort restreint, et l'autorité administrative, par une jurisprudence invariable, repousse toute demande d'érection de succursale qui n'est pas précédée de la justification, *à priori*, d'une église bâtie, et des ressources nécessaires pour la meubler, subvenir aux frais du culte et à l'entretien d'un prêtre. C'est le renversement de la logique; car ce sont précisément les populations indigentes qui ont le plus besoin des secours de l'Etat, et qui devraient être de préférence dotées d'une église et d'un desservant. Il faut donc qu'elles aient recours à la charité publique pour bâtir ou reconstruire une église, et si les efforts de cette charité, sollicitée de toutes parts, ne peuvent y atteindre, il faut que ces infortunés restent dans leur ignorance et leur délaissement.

Dans combien de localités l'intérêt de la religion ne demanderait-il pas que de nouvelles églises fussent bâties et rapprochées des masses de populations! c'est dans la capitale surtout que ce besoin impérieux se fait sentir: le voisinage d'une église invite les habitans à s'y rendre, et ces centres de réunion attirent inévitablement à l'audition et à la pratique de la parole divine; sans compter qu'une seule église pour une population de trente, quarante, cinquante mille ames dont elle ne peut contenir le cinquième dans les grandes solennités, est une amère dérision.

Eh bien! il est impossible, dans l'état actuel des choses, d'espérer jamais de l'autorité civile la création de ces églises nouvelles, soit dans les campagnes, soit dans les villes, soit dans la capitale du royaume. Mais les ressources des églises métropolitaines et cathédrales y subviendraient, si ces églises jouissaient de leur droit de recevoir, de posséder et d'acquérir à titre gratuit ou onéreux. Les autorités supérieures ecclésiastiques seraient les meilleurs juges des besoins de leur troupeau, et ces besoins seraient satisfaits sans difficulté comme sans retard. Je ne crains pas de dire que les mœurs publiques en recevraient, comme par enchantement, une grande amélioration.

§ II.
De la liberté de l'enseignement.

La liberté de l'enseignement fut proclamée par l'assemblée constituante, par la constitution de 1791, par les décrets de l'an ii et de l'an iii, par la constitution de l'an iii, et par les hommes d'Etat les plus distingués du directoire, du consulat et de l'empire. Les décrets de 1806, 1808 et 1811, constitutifs de l'Université, poussèrent à l'extrême le droit de l'Etat de diriger l'éducation publique, et firent de la liberté d'enseignement un monopole exercé au profit d'un corps privilégié. Mais l'art. 69, § 8 de la Charte a consacré le retour au droit commun en proclamant cette liberté, et en déclarant *qu'il serait pourvu par une loi séparée et dans le plus court délai possible, à l'instruction publique et à la liberté de l'enseignement.* La Charte distingue, comme on le voit, l'instruction publique et la liberté de l'enseignement : l'une sera donnée par l'Etat, l'autre sera exercée par les citoyens. La loi promise a donc dû séparer ces deux choses, et ne porter aucune atteinte à cette liberté des citoyens corrélative du droit de l'Etat, laquelle est un droit public inhérent à la liberté de conscience et à l'exercice de la puissance paternelle.

Le droit d'enseignement est donc une suite
nécessaire de la liberté du ministère sacré : il
appartient au clergé et aux associations religieuses au même titre qu'aux autres citoyens.

Que la liberté de l'enseignement appar-
tienne aux prêtres en général comme aux
laïques, c'est ce qui ne saurait faire la matière d'un doute, en présence de l'article 5
de la Charte, qui consacre la liberté des
cultes, et après l'abrogation virtuelle du monopole par l'article 69 de la Charte, renfer-
mant la promesse solennelle d'une loi qui
doit organiser la liberté d'enseignement, et
qui fut présentée comme une condition fondamentale de la déclaration du 7 août 1830,
et de l'établissement qui s'ensuivit.

Mais cette liberté a-t-elle été départie aux
congrégations religieuses ? Il en est de deux
sortes : les congrégations autorisées, et les
associations non autorisées par l'Etat. Quant
aux premières, elles forment une *personne
civile,* capable de posséder, d'acquérir à titre
gratuit ou onéreux, exerçant tous les droits
du citoyen, et soumise pareillement à ses charges : comment donc leur serait-il interdit
d'enseigner la jeunesse française ?

Mais reprenons la question de plus haut, et
demandons-nous si, dans l'état de notre droit

public, les associations religieuses, quelles
qu'elles soient, sont incapables de se livrer à
l'enseignement? La solution de cette question
générale dépend de celle de savoir si les associations religieuses non autorisées, sont
contraires à la Charte et aux lois; car si elles ne
leur sont point contraires, elles seront assimi-
lées à des réunions de laïques pouvant former
un contrat de société pour la vie commune,
ou pour l'exploitation de telle ou telle bran-
che de fabrication, de commerce ou d'industrie. Elles ne seront point *personnes civiles*, et,
comme telles, ne pourront à ce titre posséder
et acquérir, mais elles formeront une réunion
d'individus ayant un droit commun ou indivis,
et pouvant exercer comme *individus* les droits
que les congrégations autorisées exercent
comme *personnes civiles*.

Or, il est certain, et il résulte de l'économie des lois en vigueur et de la jurisprudence des arrêts, que les associations religieuses ne sont prohibées ni par la Charte ni
par les lois spéciales. Il est incontestable que
le décret du 3 messidor an xii a été abrogé
par les articles 291 et suivans du Code pénal, et tout ensemble par l'art. 5 de la Charte
constitutionnelle. L'article 291, en effet, ne
prohibe les associations de plus de vingt per-

sonnes, et ne les soumet à l'agrément préalable du gouvernement, qu'en tant qu'elles ne sont pas domiciliées dans la maison où l'association se réunit. Si donc plus de vingt personnes vivent d'une vie commune, ou résident dans la même maison, rien ne s'oppose à ce qu'elles se soumettent à une règle religieuse, à ce qu'elles mettent en commun leur travail, leurs prières, leurs facultés, leurs exercices, sauf le droit du législateur de proscrire une telle association, si elle professait des principes dangereux ou se livrait à des actes répréhensibles. Le droit commun est donc la liberté d'une telle association. La loi du 10 avril 1834 n'a point abrogé ce principe; elle s'est bornée à ajouter à l'article 291 du Code pénal, en étendant son application aux associations qui ne se réunissent pas tous les jours, ou à des jours marqués, et en déclarant que les associations de plus de vingt personnes étaient soumises à ces dispositions, *alors même qu'elles étaient partagées en sections d'un nombre moindre.* L'article 5 de la Charte, qui porte que « chacun » professe sa religion avec une égale liberté » et obtient pour son culte la même liberté, » confirme cette proposition. Quel est, en effet, dans l'esprit de l'Église, le but des congrégations religieuses? C'est de réunir et de concentrer les moyens d'atteindre plus sûrement à la perfection évangélique, et non-seulement d'exécuter les choses qui sont de précepte, mais encore d'accomplir celles qui sont de conseil. Ce sont des leviers pour triompher des obstacles, des refuges pour échapper plus sûrement aux dangers du monde, des abris contre les passions ou les extrêmes douleurs, des voies choisies et embrassées pour arriver au salut. Que les vœux qui y sont formés n'aient point de valeur légale, à la bonne heure! mais ils ont une valeur de conscience qui ne pourrait être proscrite sans porter atteinte à la liberté religieuse, qui ne comprend pas moins la légitimité des moyens d'atteindre à la perfection, que la légitimité des actes ordinaires du culte. Cette vérité n'exclut point d'ailleurs le droit de police extérieure du gouvernement, qui est de droit naturel, et que les lois positives consacrent; elle met seulement à l'abri de toute atteinte arbitraire les actes qui sont la manifestation d'une croyance religieuse, tant que cette manifestation ne trouble pas l'ordre public.

Ces principes, fort éloquemment exposés dans un livre de M. de Ravignan, resté sans réponse, parce qu'il est la puissance même

de l'évidence et le cri de la vérité, et fort
savamment déduits des textes de lois dans un
mémoire de M. de Vatimesnil, ayant pour
titre : *De l'état légal en France des associations
religieuses non autorisées* (1), ont été consa-
crés, 1° par la loi du 2 janvier 1817, qui,
accordant la liberté d'accepter des li-
béralités et d'acquérir des immeubles et
des rentes *à tout établissement ecclésiastique reconnu par la loi,* présupposait nécessaire la liberté de l'existence de fait d'une
corporation religieuse, laquelle ne pouvait
être reconnue et être érigée en *personne civile* qu'autant qu'elle existât déjà de fait.
2° Par la loi du 24 mai 1825, relative aux
congrégations non autorisées de femmes, laquelle déclare que ces communautés pourront être autorisées par ordonnance du roi ;
et quant à celles qui se formeraient à l'avenir, que ce ne serait que par une loi qu'elles
pourraient être autorisées. C'était évidemment considérer la possession et l'existence
de fait comme un motif de faveur et de préférence, et cette existence de fait comme parfaitement licite. Et ce qui le prouve plus for-
mellement, c'est qu'il résulte de la disposition

(1) Brochure in-8. Chez Poussielgue-Rusand, libraire.

finale de l'article 5, que l'autorisation peut être accordée à une époque quelconque. En effet, cet alinéa porte que les dispositions à titre gratuit faites par une religieuse en faveur de la communauté à laquelle elle appartient, ou de l'un des membres de cette communauté, ne pourront être limitées et réduites à la quotité fixée, savoir, pour les communautés déjà autorisées, que six mois après la publication de la loi, *et pour celles qui seraient autorisées à l'avenir,* six mois après l'autorisation accordée. 3° Par l'instruction en date du 17 juillet 1825, qui porte : « Parmi les congrégations, il en est qui existaient » de fait avant le 1ᵉʳ janvier 1825, *et qui,* » *sans être autorisées, ont pu librement se* » *propager,* etc., » instruction qui, comme la loi du 24 mai précédent, s'applique avec parité de raison aux congrégations d'hommes comme à celles de femmes. 4° Par la discussion qui précéda cette loi, et les ordonnances du 16 juin 1828, époque à laquelle l'existence de fait des congrégations d'hommes fut jugée parfaitement licite, sauf l'exclusion de l'enseignement dont elles furent frappées par ces ordonnances. 5° Enfin, par des arrêts solennels de Cours royales et de la Cour suprême, qui reconnurent la légalité des asso-

ciations religieuses par une distinction re-
marquable : ou la libéralité est faite à la
réunion même ou à une personne qui ne la
reçoit qu'à titre de fidéicommis pour la trans-
mettre à cette réunion considérée comme *être
moral,* et dans ce cas la libéralité est nulle;
ou au contraire la libéralité a été réellement
faite en faveur d'un des membres d'une réunion non autorisée, et elle est valable alors
même qu'en résultat la réunion en aurait pro-
fité. (*Voyez* les arrêts de la Cour de Douai,
du 19 mars 1826; de la Cour de cassation,
du 27 avril 1830, sur le premier membre de la
distinction; et les arrêts de la Cour de Tou-
louse, du 23 juillet 1835 ; de la Cour de Gre-
noble, du 13 janvier 1841; de la cour de
Caën, du 7 juin 1847; de la Cour de cassation, du 17 juillet 1841, etc. etc.)

Maintenant, et pour en venir à l'application
de ces principes à la liberté de l'enseignement, on s'est efforcé de perpétuer le régime
arbitraire des ordonnances de 1828, et par
une violence faite à la liberté de conscience,
certains publicistes de nos jours donnent
un autre sens à l'article 69 de la Charte,
ou au principe de droit naturel qu'il consacre. Ils prétendent que les congrégations d'hommes ne peuvent point enseigner,

ni donner l'éducation morale à la jeunesse
française, et que la pensée de ces congrégations n'est point venue à l'esprit des rédacteurs de l'article 69, lorsqu'ils ont proclamé
la liberté de l'enseignement. Etrange aberra-
tion de l'esprit de parti et de monopole ! Non-
seulement ils violent les droits de la puissance paternelle, les droits sacrés de l'enfance, ceux de la conscience, de la famille,
mais ils attaquent le principe même d'association dans l'Eglise, nécessaire à la propagation de la vérité, ce principe qui fait son
essence, sa hiérarchie, sa force, son admirable unité ! Eh quoi ! il ne sera pas loisible à
d'humbles prêtres de Jésus-Christ de vivre en
communauté et de se réunir, sous l'autorité
de l'ordinaire et la surveillance de l'Etat,
pour la prière, le travail et l'enseignement
de la jeunesse ? Ce qui est licite pour des ex-
ploitations industrielles, où vient souvent s'a-
bîmer et se perdre une jeunesse innombra-
ble, ne le sera pas pour la façonner au joug
de la loi religieuse et à la connaissance des
vertus qui sont le fondement de la science
et des mœurs ? Il ne sera pas permis à d'humbles filles de Jésus-Christ de former une association pour instruire l'orphelin et le pauvre ? Il faudra poser des limites à la charité,

à la propagation de la foi, à la science et au salut des hommes? Il faudra opposer une digue à l'épanchement de ces eaux sacrées de l'Evangile, qui, sous mille formes diverses, vont porter dans les populations la lumière et la vie? Mais cela est monstrueux, cela n'a pas d'exemple, si ce n'est dans ces règnes de violence et de tyrannie où, comme aujourd'hui dans la malheureuse Pologne, les ames et les corps sont traités en vil bétail que l'on plie au joug des intérêts et des passions dominantes! Les ordonnances du 16 juin 1828, qui, avant la déclaration du 7 août 1830, ont soumis au régime de l'Université les écoles secondaires ecclésiastiques dirigées par des personnes appartenant à une congrégation religieuse non autorisée, qui exigent soit des directeurs ou professeurs de l'école de l'Université, soit des directeurs ou professeurs des écoles secondaires ecclésiastiques, le serment qu'ils n'appartiennent à aucune congrégation religieuse non légalement établie en France, et qui, de plus, limitent le nombre des élèves des écoles secondaires ecclésiastiques à vingt mille; ces ordonnances, disons-nous, sont aujourd'hui un attentat à la liberté [de conscience et la violation flagrante des articles 5 et 69 de la Charte. Une

seule réflexion fera plus profondément sentir
l'iniquité et la haute inconvenance du maintien de pareilles dispositions qui ne furent
que transitoires : c'est que nos orateurs chrétiens les plus célèbres, ceux notamment qui
semblent tenir le sceptre de l'éloquence de
la chaire, et qui exercent sur les populations
une grande et légitime influence, MM. de
Ravignan et Lacordaire, dont nul ne révo-
quera en doute ni la science ni la sainteté,
seraient exclus du droit d'enseigner dans
des colléges cette jeunesse française qu'ils
électrisent dans la chaire de Notre-Dame,
et cela parce qu'ils appartiennent à des ins-
tituts non autorisés par l'État (1) ! !

Aussi le projet de loi sur l'enseignement, qui
vient d'être présenté aux chambres, viole-t-il
manifestement les principes d'égalité et de
liberté civiles, qui sont l'ame de notre civilisation moderne, et que la déclaration du
7 août 1830 a proclamés. Ce projet de loi

(1) Je dis *non autorisés* (terme de l'ordonnance de 1828),
et non point *prohibés,* expression qui présente un sens tout
différent, et dont nos adversaires se sont servis à dessein dans
toute leur argumentation pour constituer faussement les membres d'une association non autorisée, en état de rébellion
contre la loi. Une association peut n'être pas autorisée ou reconnue par l'Etat, et cependant n'être point *prohibée* par les
lois. Nous l'avons prouvé.

opère une confusion dans les pouvoirs politiques de l'État, dans l'ordre des juridictions,
dans l'administration publique et les droits
des citoyens. Que l'Université soit maintenue
comme établissement particulier de l'État,
avec sa hiérarchie, sa discipline et ses méthodes, c'est une conséquence du principe de
liberté. Mais qu'elle devienne un foyer de
centralisation, sous prétexte de régulariser
l'enseignement, et qu'elle s'arroge, quant à
l'éducation, un pouvoir semblable à celui
dont la magistrature est investie pour l'administration de la justice (motifs du projet de
loi), c'est ce qui choque la vérité, la logique,
la nature des choses, et les fondemens de notre
droit public.

Il n'y a en France, et il ne peut exister
qu'une juridiction dont la nature est d'être
indivisible, universelle, comme la source de
l'autorité royale d'où elle émane, chargée ex-
clusivement d'assurer l'exécution des lois et
de réprimer les atteintes qui y seraient por-
tées. Elle maintient la délimitation, l'harmonie des pouvoirs, veille aux garanties légales
de toutes les libertés politiques et civiles; ses
règles sont positives, certaines, uniformes,
d'où il suit évidemment que la loi fondamentale ne saurait souffrir de juridiction rivale

qui viendrait substituer son omnipotence réglementaire et discrétionnaire à la garantie judiciaire du droit commun ; que la loi fondamentale exclut nécessairement l'action juridictionnelle de l'Université qui viendrait poser elle-même des limites à la liberté de l'enseignement et attribuer à sa propre compétence l'exclusion de certains individus ou de certains corps, le jugement des conditions de moralité et de capacité, la collation des grades, la suspension ou la fermeture des établissemens d'éducation, l'admission de la jeunesse dans les carrières publiques, et qui soumettrait à son libre arbitre la direction morale, religieuse, philosophique, littéraire de tout l'enseignement public en France. Ce serait créer un pouvoir politique, hors de la constitution, pour réglementer, que dis-je ! pour monopoliser une liberté publique : chose inouïe, monstrueuse!!! La liberté s'exerce, elle agit spontanément dans sa sphère et dans les limites établies par les lois, elle ne s'administre pas par un pouvoir de l'État, ou elle a cessé d'exister !

Que dirait-on d'un établissement électoral, par exemple, qui, sous la direction du pouvoir exécutif, centraliserait toute la liberté de l'élection, qui exercerait sur elle une juridic-

tion suprême, et qui sous prétexte de la diriger, s'attribuerait l'action de la liberté politique? Ne serait-ce pas livrer cette liberté, qui
de toutes les propriétés est la plus précieuse, la
plus sacrée, la plus inviolable, à une juridiction
qui l'étoufferait, au lieu d'en garantir le plein
exercice et d'en protéger les limites légales?

Les principes et les lois morales de l'éducation sont comme les principes et les lois morales de toute liberté publique, dans la conscience, dans la foi religieuse, dans les mœurs,
et ils relèvent avant tout du droit naturel, de
la puissance paternelle et de la famille.

Vainement MM. Cousin, Villemain, Rossi,
de Broglie, usant de tours divers, prétendent-
ils que la liberté d'enseignement n'est point
un droit naturel. Elle n'est pas un droit naturel, sans doute, en ce sens qu'elle serait an-
térieure à toute société; à ce compte, nous ne
reconnaissons pas de droit naturel; car tous
les droits naissent avec l'homme social pour
qui Dieu a créé le langage, l'autorité, la liberté, les lois immuables que nous nommons
naturelles, à la différence des lois positives et
arbitraires par lesquelles la prudence humaine pourvoit aux autres besoins de la société. Mais le droit d'enseigner est un de ces
droits immuables et imprescriptibles qui ne

dépendent point du caprice du pouvoir ou de
la forme du gouvernement, du caractère aris-
tocratique ou démocratique des familles ; il
est l'ame de la société et coexiste avec elle.
Et comme les mœurs et la vérité découlant
de Dieu et de l'observation de sa loi, sont
conservées par la conscience et la pratique de
chaque famille, de même le droit de les communiquer aux générations naissantes ne peut
s'exercer que par la pratique et le libre arbitre du père. Sans doute encore celui-ci peut
abuser, mais cet abus est l'exception, et il ne
faut pas, sur une exception, renverser la loi
morale des êtres. Le pouvoir social réprimera
cet abus, cette prévarication du père, mais il
ne mettra point pour cela la puissance paternelle en interdit, ni ne se substituera à elle.
C'est à peu près comme si le pouvoir se faisait
l'arbitre de la pudeur, de l'honneur, de l'établissement des enfans composant une famille,
du commandement et de l'obéissance domestiques, sous prétexte qu'il est des pères qui ne
savent point y veiller. Les excès du père sont
des anomalies sur lesquelles on n'a jamais bâti
de loi commune. La confiance dans les droits
que le père tient de la nature et de Dieu est
la première sauvegarde de la société.

L'autorité publique, surtout dans une

grande monarchie où le pouvoir domestique
est l'élément nécessaire du pouvoir social, ne
saurait donc, sans violence, s'emparer de l'é-
ducation des enfans, et se substituer aux
pères de famille. Elle doit seulement veiller
au maintien de ces principes de morale publique, de progression des lumières, du développement de la civilisation par les sciences,
les lettres et les arts qui font partie de la gloire
et de la puissance nationales.

Or est-il nécessaire, pour cela, que tous les
colléges relèvent de l'Université? La force des
études est-elle subordonnée à un grade ou à
un diplôme délivré par elle, et cette force
des études ne peut-elle être constatée par des
juges indépendans, choisis de manière à en
assurer les lumières et l'impartialité? N'est-il
pas absurde de faire l'Université seule arbitre d'une question de rivalité et de concurrence, c'est-à-dire juge dans sa propre
cause?

Mais si cela blesse toutes les convenances
de progrès et de justice, c'est en même temps
un attentat inouï contre le droit de propriété
si intimement lié à la liberté d'où il émane, et
qui ne fait qu'un avec elle. Quoi! il y aura
dans l'État d'autres juges que les tribunaux,
organes de la loi, de l'étendue de ma liberté

et de la propriété des établissemens que j'aurai formés en vertu de cette liberté? La volonté particulière, le jugement individuel, le caprice, la passion, seront substitués aux garanties légales et à la juridiction universelle? Il y aura une autre liberté que la liberté constitutionnelle, une autre justice que la justice du pays, une autre constitution que la constitution de l'État!!! C'est là une effroyable usurpation de droits, dont le secret n'a qu'un mot, et qui renverse également toutes les idées de conscience, de religion, de raison et de justice.

Veut-on une preuve manifeste de l'inconstitutionnalité du projet de loi? c'est qu'il maintient dans toute sa force le décret constitutif du conseil royal de l'instruction publique, qui, au *titre des délits et des peines*, renferme un article portant que les infractions réglementaires seront punies par la juridiction universitaire; que ces peines peuvent être graves et entraîner l'emprisonnement, même pour un an, contre les professeurs, pour manquement à leurs devoirs. C'est que les Cours royales sont obligées d'entériner des arrêts qui ne sont pas rendus au nom du roi, comme s'il s'agissait de lettres patentes ou de lettres de grâce. Cette circonstance, relevée par M. le marquis de Barthelemy à la chambre des pairs, dans la séance du 29 avril dernier, a donné lieu à M. le baron Séguier, premier président de la Cour royale de Paris, de faire la remarque suivante : « Je dois dé» clarer, dit-il, qu'à la Cour royale de Paris » nous n'avions aucune connaissance d'une » pareille législation; que dernièrement un ju» gement de cette nature nous a été présenté. » Lorsque M. le procureur-général en a re» quis l'enregistrement, nous avons été *mé»dusés*. Par respect pour la loi, nous n'a» vons pas contesté les conclusions de M. le » procureur – général, mais j'ai prononcé » l'enregistrement, la rougeur au front, » à voix aussi basse que possible. (Sensation.)»

Cette création universitaire, comme pouvoir politique centralisateur et juridictionnel en matière de liberté d'enseignement, est donc un contre-sens; c'est la violation de tous les principes de liberté, d'égalité et de propriété, c'est une atteinte profonde à l'unité et à l'universalité de la juridiction, seule protectrice du droit des citoyens et de ceux de l'Etat. Cette création pourrait s'accommoder à un régime de despotisme politique et religieux, comme celui qui pèse sur la Pologne et l'Irlande : il ne peut s'accorder avec un régime de liberté.

On invoque bien mal à propos les précédens historiques, puisqu'il est reconnu qu'il y avait en France, avant la révolution, non pas une seule Université, mais plusieurs universités particulières, ne relevant point les unes des autres, et à côté de ces universités, un nombre fort considérable de colléges indépendans, tenus par des congrégations religieuses, pour lesquels la collation des grades par l'Université n'était point une condition d'admission aux emplois publics ou aux études spéciales.

Concluons. Il n'y a pas liberté d'éducation et d'enseignement là où il y a inquisition du for intérieur, violation de la liberté religieuse par l'exigence d'un serment qu'on ne fait point partie d'une association quelle qu'elle soit, même non autorisée, quand les membres de cette association habitent la même maison et vivent d'une vie commune, et que cette association, loin d'avoir rien de contraire à la Charte et à l'article 291 et suivans du Code pénal, est une suite de la liberté des cultes consacrée par l'article 5 de cette Charte. Il n'y a pas liberté d'éducation et d'enseignement là où le jugement des doc-

trines religieuses et morales ne relève que
d'un conseil de l'Université, mais outrage
direct à la conscience et à la foi, mépris de
la vérité souveraine et de ses organes légi-
times qui sont les supérieurs ecclésiastiques.
Il n'y a pas liberté d'éducation et d'enseignement là où la force des études ne peut
se développer et se constater que par le jugement de l'Université, soumettant tout au
joug de sa discipline et de ses méthodes; là
où le clergé, soit séculier, soit régulier, dépend absolument de ce joug philosophique
et littéraire pour l'obtention des grades nécessaires au plein exercice ; là où des certi-
ficats d'études bien inutiles, puisqu'il doit
y avoir appréciation de ces études mêmes,
sont admis de la part des familles et ne le
sont point de celle d'hommes vénérables in-
vestis du sacerdoce, auxquels le projet de loi
impose une limite arbitraire pour le nombre
des élèves des écoles ecclésiastiques à admettre à l'examen du baccalauréat.

Il ressort de ces considérations la preuve
manifeste que le but que l'on s'est proposé
est d'entraver l'enseignement religieux et catholique dans ses rapports essentiels avec la
saine doctrine philosophique et littéraire dont
il est le germe fécondant et le régulateur

infaillible; et que ce projet de loi n'a pas
d'autre pensée, d'autre tendance que d'étouf-
fer, par ce seul motif, la libre concurrence,
puisque cette libre concurrence n'empêche-
rait d'ailleurs ni la surveillance de l'Etat,
ni la force des études, ni les preuves propres
à la constater.

Revenons donc aux principes de la véritable liberté, et que l'on ne nous parle pas de
la nécessité d'une haute inspection de l'Etat
que nul ne récuse. Je le demande, quelles
collisions pourront se manifester si tous les
établissemens d'éducation, devenus libres,
sont soumis, comme l'Université elle-même,
à la surveillance commune de l'Etat et des
évêques en ce qui concerne leurs attribu-
tions respectives; et si l'autorité civile donne
la main à l'autorité religieuse pour purger
ces établissemens d'abus et d'erreurs funes-
tes à la paix de l'Etat et à l'avenir des générations?

Le rapport de M. le duc de Broglie à la
chambre des pairs, bien loin d'affaiblir ces
principes, les confirme pleinement, au contraire. « Le droit de l'Etat d'enseigner, dit-
» il, n'est point dans ses mains l'un de ces
» droits éminens, l'un de ces attributs du
» pouvoir suprême qui ne souffrent aucun

» partage. Si l'Etat intervient en matière
» d'enseignement, ce n'est point à titre de
» souverain, ce n'est qu'à titre de protecteur
» et de guide, qu'à défaut des familles, pour
» suppléer à leur négligence, pour susciter
» des établissemens d'éducation et leur servir
» de point d'appui. » Voilà donc, aux termes
de la Charte et de l'aveu de M. le duc de
Broglie, une séparation formelle de l'Etat et
de l'Université. L'Université n'est dans les
mains de l'Etat qu'un établissement d'instruction modèle, si je puis parler ainsi, qui
doit servir de stimulant et de guide, mais
non point exercer d'action préventive ou ré-
pressive sur les établissemens privés. L'Etat
lui-même, d'après le noble rapporteur, n'a
point le droit d'empêcher ni de soumettre à
des règles arbitraires ou à des formes préven-
tives la formation de ces établissemens. Il ne
peut qu'en être le protecteur et le guide ; il
ne peut faire sentir l'action de son droit d'enseigner qu'à défaut des familles, pour suppléer à leur insuffisance. Les établissemens
libres sont donc placés sur la même ligne que
l'Université.

Il est vrai que plus bas l'habile rapporteur,
pour laisser dans les mains de l'Université un
pouvoir administratif qu'il vient de lui refu-

ser, déclare « qu'on ne peut dépouiller le gou-
» vernement du double caractère du pouvoir
» exécutif et d'instituteur public. Par ce der-
» nier attribut, dit-il, l'Etat exerce une con-
» currence avec les instituteurs privés ; par
» l'autre il en est le supérieur et l'arbitre. Si
» vous séparez ces deux attributs, vous faus-
» sez l'unité du gouvernement représentatif;
» si vous les laissez dans la même main, on
» se plaindra toujours du monopole, soit que
» l'Université exerce ce pouvoir, ou que ce
» soit la bureaucratie. »

Mais c'est là une contradiction manifeste
avec le principe précédemment posé. Quoi !
l'Etat n'intervient point dans l'enseignement à
titre de souverain, il n'exerce point en cela
l'un des attributs du pouvoir suprême, mais
seulement celui de protecteur et de guide, et
vous voulez que sa qualité d'instituteur public qu'il exerce par l'Université renferme
la délégation de son droit de simple surveillance sur les établissemens libres, lequel droit
de surveillance n'est point l'enseignement
proprement dit? L'Etat crée un corps pour
exercer sous ses ordres le droit d'enseigner
qu'il conserve à titre de liberté commune,
comme il exercerait, pour diriger l'opinion,
le droit de la presse par des journaux qu'il

aurait fondés; et vous voulez que ce corps d'émanation jouisse des prérogatives incommunicables et inaliénables de l'Etat en ce qui touche le droit de surveillance et de protection! Vous faites disparaître ainsi cette liberté de concurrence, ce pied d'égalité entre l'enseignement de l'Etat et celui des autres citoyens; et vous voulez qu'au lieu d'un droit de surveillance et de protection propre au gouvernement, l'Etat, en créant l'Université, lui ait transmis une juridiction universelle, c'est-à-dire l'un des attributs du pouvoir suprême que vous avez reconnu vous-mêmes qu'il n'avait point en matière d'enseignement! Vous jetez ainsi la confusion dans les pouvoirs publics, et vous les dénaturez complétement. Vous organisez un service public dans l'Etat, et vous voulez que ce corps, existant au même titre que les autres établissemens privés, ait une partie du pouvoir exécutif, et qu'il soit investi de cette haute administration qui, en matière de prérogatives gouvernementales, ne se délègue jamais, mais est toujours retenue dans les mains du pouvoir suprême! Ce n'est plus l'Etat qui protége, qui dirige, qui censure, c'est un établissement rival !

Mais ce n'est pas là le seul paradoxe de ce

Rapport. Il attribue à l'Université le droit
exclusif d'examen de tous les aspirans aux
grades, sous prétexte que des hommes étrangers à l'Université ne sont pas aptes à l'exercer, comme si la science, les lettres et les
arts, et les divers services publics n'offraient
pas, hors de l'Université, des juges d'autant
plus capables qu'ils apprécient les hommes
par leur propre valeur, et avec ce tact exercé
de gens du monde versés dans la pratique
des hommes et des affaires, que la vanité, le
pédantisme de l'école, ou la rivalité de corps
n'aveugle point !

En ce qui touche la religion, le catholicisme a cessé, aux yeux de ces hommes d'Etat,
de former la base de l'enseignement religieux
d'une jeunesse qui appartient à une population de trente-deux millions de catholiques,
et ils abrogent le § 1er de l'art. 38 du titre V
du décret du 17 mars 1808, qui en avait
fait la base exclusive de l'enseignement. Cet
enseignement se partagera désormais entre
les différens cultes; et le même collége
pourra voir à la fois un prêtre catholique, un
ministre protestant, presbytérien, anabaptiste,
méthodiste, un quaker, un rabbin, instruire
officiellement et publiquement les élèves,
et tenir école orthodoxe, hérétique, schis-

matique, ou la chaire de la synagogue!
Que dis-je! les parens pourront introduire
dans ce collége tels professeurs de doctrine
religieuse que bon leur semblera; et ces
hommes d'Etat voient un progrès réel dans
cette indifférence des jeunes gens pour la vérité et pour l'erreur! Le gouvernement d'une
population de trente-deux millions de catholiques n'a plus de croyance publique! Et,
comme corollaire de ces maximes inouïes, le
noble rapporteur proclame hautement l'indépendance complète de la philosophie et de la
religion, sans laquelle indépendance, dit-il,
il ne peut y avoir ni philosophie digne de ce
nom, ni croyance solide. Comme si la raison
pouvait se suffire à elle-même et résoudre les
problèmes de notre nature! Comme s'il n'était
pas d'éternelle vérité et de sens commun que
la raison, sur les choses qui sont de son domaine, règne en souveraine sans doute, mais
qu'en matière de foi elle ne peut que conduire
à la nécessité et au devoir d'obéir!!!

Et quelle est donc cette philosophie des
princes de l'Université? Peut-elle guider les
esprits vers les mystères augustes de la religion vraie? Loin de là, elle les en détourne;
elle supprime l'Incarnation, et fait de nos plus
redoutables mystères de simples mythes. « La

6

» raison humaine, dit M. Cousin, (*Fragmens*
» *philosophiques*, 2ᵉ édition, t. I, p. 78,) *est le*
» *médiateur nécessaire* entre Dieu et l'homme,
» *le Verbe fait chair;* elle est homme à la fois et
» Dieu tout ensemble. » Les aberrations de
M. Cousin sont tellement graves, que Mᵍʳ l'archevêque de Paris vient d'adresser à la
chambre des pairs, comme document de la
discussion, un mémoire sur l'enseignement
philosophique de M. Cousin, dans lequel il
expose que dans l'espace de quatorze ans ce
philosophe a enseigné : 1° que Dieu n'est pas
distinct de l'univers; 2° que Dieu est distinct
et créateur, mais créateur nécessaire; 3° qu'il
est créateur, mais créateur libre. Le prélat
fait observer que l'incertitude jetée sur la nature de Dieu a pénétré également dans toutes
les questions, qui seules ont formé et ont le
droit de former la conscience du genre humain, nous voulons parler de la spiritualité,
de l'immortalité de l'ame, du libre arbitre
sans lequel on ne conçoit pas la moralité des
actions humaines. Et l'élève de M. Cousin,
M. Damiron, enseigne à la jeunesse la même
doctrine de la manière suivante : « Non qu'à
» cet effet, dit-il, Dieu eût pris visage et corps,
» et ait affecté telle ou telle forme; tout ce
» qui s'est dit de semblable sur cette matière

» est, à notre sens, figure sainte et poésie. (*Essai sur l'Histoire de la philosophie en France, au dix-neuvième siècle*, 3ᵉ édition, t. II, p. 219.) Un autre professeur de philosophie universitaire, M. Ferrari, nommé à l'unanimité, en 1843, agrégé du cours de philosophie par plusieurs chefs de l'Université, s'exprime ainsi, (p. 320 de son *Essai sur le principe et les limites de la philosophie de l'Histoire :*) « Un Dieu infini ne peut » s'incarner, ni envoyer des prophètes, ni » même sortir de son immobilité éternelle » pour créer un monde ; c'est, au reste, un » Dieu qu'on ne fléchit ni par la prière, ni » par les jeûnes, ni par les martyres ; il est » inaccessible à toutes les formalités des » cultes, et quelles que soient notre vie et notre » croyance, nous ne pouvons vivre sans vivre » en Dieu. » Ce n'est pas tout, M. Cousin dans son introduction à l'*Histoire philosophique*, (nouvelle édition, cinquième leçon, p. 145,) enseigne « que Dieu n'a point tiré le monde du » néant. » Ainsi ce grand Dieu, indépendant par sa nature de toutes choses créées, qui était, après comme avant la création, la source unique de tout bien, la souveraine liberté, la fécondité infinie, la perfection par essence, les maîtres de la philosophie universitaire le mon-

trent à la jeunesse française inféodé à la création, incrusté, emprisonné dans tout ce qui
existe, dans tout ce qui respire, semant en
quelque sorte, dans l'univers, les parcelles, les
lambeaux de son être, et ainsi ils réunissent
en lui les désordres comme les harmonies,
les vices comme les vertus, les mauvaises passions comme les élans généreux vers ce qui
est grand et beau, la mobilité des systèmes
et l'erreur comme la vérité; que dis-je, ils
font de Dieu une transformation perpétuelle
participant à toutes les dégradations et à
toutes les folies de l'humanité; et c'est ainsi
que ces panthéistes, ces éclectiques avec leur
progrès, avec leur prétention de tout refaire
dans l'ordre moral, sont pires mille fois que les
philosophes païens, puisqu'ils concentrent
dans un seul Dieu, comme le dit éloquemment
M. de Ravignan, toutes les extravagances
que les païens du moins avaient réparties entre
plusieurs !!

Et c'est là cette préparation à la foi qu'ils
prétendent que la jeunesse française doit
trouver dans leurs doctrines philosophiques !
Ah ! le désaveu qu'ils en ont fait devant la
chambre des pairs est trop mal déguisé pour
que la France puisse y croire. Ce monopole,
cette séparation complète de la philosophie et

de la religion qu'ils maintiennent pour se rendre nécessaires, c'est la porte ouverte au loup ravissant ; et il n'est pas un homme d'honneur, un père de famille sensé qui ne doive applaudir au cri d'effroi poussé par l'épiscopat français, par ces véritables pasteurs toujours prêts à donner leur vie pour leur troupeau !

Un jurisconsulte habile, M. Ledru-Rollin, a loyalement proclamé, dans plusieurs lettres adressées au *National,* cette liberté de l'État et du clergé ; il est beau, quand on veut la liberté pour soi, de la vouloir pour les autres. Cette impartialité est d'un heureux augure pour le rétablissement futur *des libertés nationales* (1). L'autorité publique veillera à l'accomplissement des conditions nécessaires à l'exercice de la liberté de l'enseignement, en exigeant, soit du clergé, soit des instituteurs laïques, la preuve de leur capacité et de leur moralité. La collation des grades requis pour être admis au droit d'enseigner, sera l'objet d'un réglement facile, et une commission indépendante pourrait être appelée à prononcer sur le mérite et la moralité des candidats.

(1) Paroles de Henri de France.

Mais nous ne saurions partager la doctrine
de M. Ledru-Rollin, en ce qui touche l'action
isolée, séparée, et en quelque sorte rivale qu'il
donne à l'État, aux simples particuliers et au
clergé, dans l'éducation morale de la jeunesse.
C'est présupposer que les hommes composant
la société civile ne sont point reliés, unis par
des principes certains. Cette opinion est le
résultat de l'erreur fondamentale de M. Ledru-Rollin, que la religion catholique est an-
tipathique aux lumières et à la liberté, ou, en
d'autres termes, qu'elle n'est pas la vérité
même. Il faut faire des vœux pour que l'ame
sincère de M. Ledru-Rollin s'ouvre aux clar-
tés que ne pourrait manquer d'y répandre
une étude approfondie de ce fait divin et de
la métamorphose historique qu'il a opérée
dans les institutions et les mœurs des peuples.
Pour nous, aux yeux de qui cette démonstra-
tion brille d'un éclat plus vif et plus pur que
l'astre du jour, nous disons que la liberté des
pères de famille ne saurait aller jusqu'à mé-
connaître la vérité souveraine qui forme la
base de la science et des mœurs; et que l'autorité de l'État ne saurait, sous ce rapport, se
passer de celle de la religion. Nous ne pouvons admettre la mobilité des principes et des
idées dans l'enseignement moral. Aux sciences

et aux lettres humaines les changemens de
système. Mais à la science des saintes Écri-
tures et à la philosophie chrétienne, la fixité,
l'immutabilité qui appartiennent à Dieu.

Je ne vois, je le répète, aucun inconvé-
nient dans le concours des deux puissances
pour la surveillance de l'éducation morale des
peuples. Car il suffit que les supérieurs ecclésiastiques et l'autorité civile tiennent de la
loi le droit de se réunir pour agir ensemble,
pour que l'accord, l'harmonie soient le résultat nécessaire de ce rapprochement présidé
par la charité.

De grands malheurs résulteraient, au contraire, de la séparation et d'une sorte de
droit naturel laissé au clergé d'une part, et à
l'État de l'autre, de diriger, comme ils l'en-
tendraient, par l'éducation, l'ame et l'intelligence de la jeunesse. Ce serait retomber dans
le vice capital de la législation de 1791 qui
ravalait la sublime prérogative de l'enseignement à une liberté d'industrie. Ne suffit-il
pas, en effet, d'étudier un instant la nature
humaine pour apercevoir que de violentes
guerres et d'affreuses représailles pourraient
naître de cette séparation, de cet antagonisme, que l'autorité de la foi en serait affai-
blie, et les mœurs des peuples profondément

altérées? La France est appelée par la nature
à une sorte de prosélytisme, et rien de grave
ne se fait chez elle, qui n'ait son contre-coup
chez les autres peuples. Fille aînée de l'É-
glise et de la civilisation, elle est la pierre an-
gulaire de l'édifice chrétien et de l'édifice con-
tinental. Un publiciste célèbre, Burke, et
avec lui Dodley ont dit : « Vous êtes, à ce
» qu'il me semble, *gentis incunabula nostræ,*
» et toujours la France a exercé sur l'Angle-
» terre une influence morale plus ou moins
» forte. Lorsque la source qui est chez vous
» se trouvera obstruée ou souillée, les eaux
» qui en partent seront bientôt taries en An-
» gleterre, ou bien elles perdront de leur
» limpidité, et peut-être qu'il en sera de même
» pour toutes les autres nations. De là vient,
» suivant ma manière de voir, ajoute Dodley,
» que l'Europe n'est que trop intéressée à ce
» qui se fait en France. » Il dit ailleurs : « Pa-
» ris est le centre de l'Europe. » — Que l'Angleterre donc travaille chez elle à faire pré-
valoir sa puissance politique et commerciale
sur le christianisme, et qu'elle accommode
sa politique générale et sa religion à ses intérêts, c'est une erreur fatale qu'elle paiera
peut-être bien cher. Mais nous, que des ex-
périences si terribles viennent d'instruire,

n'oublions pas la magistrature que Dieu nous a confiée ; *la vérité a besoin de la France* (1) ; plaçons-nous à la tête du mouvement religieux et civilisateur qui doit sauver l'Europe et le monde ; n'oublions jamais que la violence faite aux éternelles lois de l'ordre, fondées sur l'autorité, n'a qu'un cours borné, et que les plus brillans succès de la politique, du commerce et des arts ne sont que misère et que honte, s'il faut les acheter au prix de la foi et des mœurs des peuples. Resterions-nous, sous le rapport de la liberté de l'enseignement, en arrière de l'Angleterre, des Etats-Unis, de l'Allemagne, et de tous les empires qui s'élancent dans les voies de la civilisation ? Il faut donc, de toute nécessité, que l'Église catholique, indépendante dans l'enseignement religieux et l'administration des sacremens, forme néanmoins dans l'État *une personne civile* dont les droits et les propriétés soient protégés par les lois ; et que son clergé et ses ordres religieux puissent se livrer à l'éducation publique en se soumettant à la surveillance commune de l'État et des évêques.

Cela est d'autant plus nécessaire que la

---

(1) Comte de Maistre.

plupart des congrégations religieuses ont pour
but principal le soulagement des pauvres et
l'éducation de l'enfance. Pourquoi ne pas
laisser dès lors aux congrégations religieuses,
en général, la liberté d'instruire la jeunesse,
et de sauver les enfans indigens ou orphelins
en les éclairant, en les dirigeant dans la car-
rière du travail et de la vie chrétienne? La
science alimentée par la foi et par la charité
est la véritable nourriture des peuples. Seule
elle possède l'art de multiplier les ressources du
travail et de les féconder en modérant les désirs.

On allègue la nécessité de fortes études.
Mais nous dirons avec un grand homme d'é-
tat que l'instruction doit être proportionnée
aux besoins et aux facultés de ceux qui la
réclament, et que l'important est que l'instruction soit pure et solide. Auriez-vous
par hasard la prétention de faire sortir annuellement un essaim d'hommes de génie de
vos écoles universitaires? Faites-en sortir
d'honnêtes gens, des chrétiens éclairés, des
citoyens fidèles aux lois, dévoués à la patrie
et capables de tout pour la servir, et non une
cohue de sceptiques et d'ambitieux qui tour-
mentent d'autant plus la société, que leurs
prétentions et leur orgueil dépassent la mesure de ce qu'elle peut en attendre et de ce

qu'elle doit faire pour eux. Au surplus, cette allégation de la nécessité de fortes études est purement gratuite; car il n'est pas douteux qu'une science pure est toujours forte, quand elle est recueillie par des jeunes gens que la nature a doués de capacité, et rien ne prouve que des colléges libres stimulés par la concurrence ne pourront point égaler, sinon surpasser, les colléges de l'Université : cela est au moins hors de doute pour ceux qui seraient dirigés par le Clergé français, le plus illustre de l'univers, le plus savant et le plus lettré que la France ait jamais possédé; car dans les écoles ecclésiastiques tenues par lui, la force des élèves surpasse incontestablement celle des élèves de l'Université.

« Prenez le *Moniteur*, dit un des plus bril-
» lans apologistes de l'Université, aux comp-
» tes rendus sur l'instruction publique, et
» vous y verrez que sur le nombre total des
» élèves qui terminent annuellement leurs
» études à Paris, plus de la moitié ne sont pas
» admis au grade de bachelier, parce qu'ils
» ne savent pas faire une version. Il y a donc
» là un vice, *et le corps enseignant qui a tant*
» *de savoir ne sait pas ou ne peut pas le*
» *communiquer...* Nous disons qu'il y a là un

» vice; car le baccalauréat étant le couron-
» nement de l'instruction classique, c'est
» preuve qu'on a reçu une instruction insuf-
» fisante lorsqu'on ne peut pas y arriver;
» *et dans tous les cas c'est un terrible argu-*
» *ment contre les études faites dans l'Uni-*
» *versité, que plus de la moitié de ses élèves*
» *ne sachent pas faire une version après sept*
» *années de latinité...* »

N'est-il pas reconnu d'ailleurs que le monopole, de sa nature stationnaire, énerve et
dégrade les études? Je n'en veux d'autre
preuve que la déclaration du vice-président
lui-même du conseil de l'instruction publique et de son ancien ministre, M. Cousin.
« Le même principe de monopole, dit M. Du-
» bois, frappe tour à tour les deux partis...
» Rien de stable, rien de grand ne peut se
» tenter; disons plus : RIEN DE MORAL. Car
» aucune conviction libre ne peut vivre dans
» un corps comme celui de l'Université, sans
» cesse exposé à démentir le lendemain ce
» qu'il professait la veille? Il y a long-temps
» que, pour la première fois, et les premiers,
» avec suite, méthode et fidélité, nous avons
» réclamé contre le monopole, DESTRUCTEUR
» DE TOUTE CROYANCE ET DE TOUTE INSTRUC-
» TION. » — « Ce monopole doit être détruit,

» dit M. Cousin; il n'existe pas en Prusse, et
» les gymnases n'ont d'autre privilége qu'une
» excellente organisation et l'habileté de
» leurs professeurs : ce sont là les seuls que
» je réclame pour nos colléges. Ainsi, que la
» jeunesse française soit entièrement libre de
» suivre ou de ne pas suivre les colléges, et
» que, non-seulement de la maison pater-
» nelle, mais des établissemens privés, on
» puisse se présenter au baccalauréat sans
» autre certificat d'études que les connais-
» sances dont on fait preuve... Il est impossi-
» ble de ne pas considérer comme la plaie de
» l'instruction publique ces ombres de colléges
» qui couvrent la France. Ce sont de misé-
» rables colléges où l'on apprend assez de
» grec et de latin pour se dégoûter des pro-
» fessions de la vie commune, et pas assez
» pour se préparer aux professions savantes
» et libérales. »

Chose étrange! un journal anglais protestant, *le Morning Post*, vient de protester
contre le monopole universitaire comme in-
troduisant le scepticisme et l'incrédulité dans
les générations naissantes, et au nom de
cette solidarité qui unit les nations chrétiennes, et particulièrement de la réaction morale et philosophique de la France sur l'An-

gleterre, il demande que toutes fassent cause commune pour repousser le projet de loi.

Tandis qu'on imprimait ces lignes (1), la chambre des pairs adoptait une disposition additionnelle à l'article 1ᵉʳ, qui laisserait au conseil royal de l'Université le soin de rédiger le programme de la matière et de la forme des examens du baccalauréat ès lettres, mais qui ferait de ce travail l'élément d'un règlement d'administration publique qui serait délibéré par les sections réunies du conseil d'Etat, et converti en ordonnance royale. Ce n'est au fond que déplacer le danger ; car ce projet, infailliblement adopté par le comité de l'intérieur, qui n'est qu'une doublure du conseil royal, discuté par des sections étrangères à ces matières, ou emportées par la politique du jour, ne subirait point d'amendement sérieux. C'est toutefois une concession au principe de séparation de l'Etat et de l'Université. Or, s'il en est ainsi, pourquoi cette demi-justice, cette liberté mutilée ? Pourquoi exclure l'épiscopat dont l'in-

---

(1) La discussion à la chambre des pairs suivant son cours tandis qu'on imprime notre travail, nous renverrons au deuxième numéro des *Annales de la civilisation chrétienne*, ce qu'il nous sera impossible de dire ici sur cette discussion, et nous y traiterons à fond du projet de loi amendé.

térêt le plus sacré, le salut des générations,
et la responsabilité sont tout entiers engagés
dans cet acte, pourquoi l'exclure du travail
et de la délibération qui doivent le consom-
mer? N'est-il pas d'une iniquité manifeste
qu'un programme qui doit décider de la foi
et des mœurs de la jeunesse, et servir de règle
aux écoles libres et même aux écoles ecclésiastiques, soit arrêté sans l'avis et le consen-
tement de l'épiscopat? Et voilà le danger que
nous signalerons sans cesse d'une action séparée de l'Etat et de l'Eglise en matière
d'enseignement, quand leur concours est une
nécessité catholique et sociale dans tout ce
qui intéresse à la fois l'Etat et la religion.
C'est une objection sans raison et sans portée,
que celle que la religion catholique n'est
plus la religion de l'Etat. Eh quoi! le clergé de
trente-deux millions de catholiques, des 16/17
de la population totale de la France, sera
étranger à la discussion des intérêts mixtes,
c'est-à-dire spirituels et temporels, de cette population! C'est ainsi que vous comprenez la liberté des cultes! Et cette liberté, reconnue
par l'article 5 de la Charte, sera la destruction de celle du culte de la majorité proclamé par l'article 6, ou, en d'autres termes,
ce sera l'exclusion de la participation de l'é-

piscopat aux conseils qui touchent aux desti-
nées immortelles de ces trente-deux millions de Français !!! Vous privez ce clergé
de la coopération législative, vous lui fer-
mez la bouche quand il fait entendre la vérité dans les seuls lieux où il puisse parler (1),
et vous l'excluez encore des comités qui doivent, dans le silence, préparer les actes les
plus essentiels à la conservation de la foi !!

Non, non, il ne saurait en être ainsi chez
une nation appelée à imprimer, par ses
croyances morales, l'impulsion aux autres
peuples de la terre. Ce serait la violation de
la plus grande loi de la providence. Tout
commande cette intervention de l'épiscopat
français, facile à organiser par un amendement, puisqu'il est de notoriété publique
que l'incrédulité, qui est en possession des
colléges de l'Université, n'a pas d'autre cause
que l'enseignement philosophique qui y est

(1) Réponse de Louis-Philippe à M. l'Archevêque de Paris,
le 1er mai. Monseigneur avait dit : « Nous ne concevrons
jamais que l'État doive souffrir de la paix et de la liberté de
l'Église, et l'Église, de la grandeur, de la prospérité de
l'État. Cette conviction que proclamait il y a 600 ans, un
saint docteur français, l'honneur de son siècle par son génie,
et l'honneur du sacerdoce par l'héroïsme de ses vertus (saint
Bernard), est aussi celle du clergé et de l'Archevêque de
Paris; ils aiment à vous l'exprimer, etc. »

donné, et par là même l'esprit général, et comme l'habitude et les exemples de l'enseignement universitaire. En veut-on une nouvelle preuve *à fortiori ?* un mémoire qu'ont adressé, en 1830, les aumôniers des colléges de Louis-le-Grand, d'Henri IV et de Saint-Louis, à Mgr de Quelen, sur l'état de la foi religieuse dans ces colléges, porte l'empreinte d'une tristesse et d'un découragement profonds. Il résulte de ce mémoire que l'enfant entré dans ces colléges avec les sentimens de foi qu'il a puisés dans sa famille les a déjà perdus de quatorze à quinze ans ; que sur quatre-vingt-dix ou cent élèves composant les cours de philosophie, de mathématiques et de seconde, huit seulement remplissent leur devoir pascal, et comme tremblant sous une grêle de railleries et de quolibets ; et que sur ceux qui quittent le collége après avoir achevé le cours de philosophie, il n'en sort de chrétien, combien ! QU'UN SEUL (1)!!! S'il en était ainsi sous la Res-

(1) Cet esprit de scepticisme qui se répand de proche en proche, sous l'influence de cet enseignement public, dans les diverses classes de la population, est la cause de l'augmentation toujours croissante des délits et des crimes. Avant 1789 la population française était de vingt-cinq millions d'ames, et soixante-douze mille enfans étaient élevés

tauration , les choses n'ont pu que s'aggra-
ver depuis.

En résumé, la liberté d'enseignement est
un droit immuable et indépendant.

Ce droit immuable et indépendant comprend essentiellement l'intégrité de la foi de
trente-deux millions de catholiques, qu'aucun amendement de la nature de celui que
vient d'adopter la chambre des pairs ne peut
mettre à la discrétion d'une concurrence of-
ficielle et impie de chaires religieuses diverses dans le même collége, et qui ne peut
dépendre d'un réglement purement administratif des matières et de la forme des examens
du baccalauréat ès-lettres. l'Eglise , dépositaire des règles de cette foi de trente-deux
millions de Français, est partie nécessaire dans
ce réglement qui touche aux fondemens
mêmes de la foi et du droit public de la très-
grande majorité de la nation.

Ce droit immuable et indépendant ne peut

dans l'Université catholique et les colléges libres des congrégations religieuses ; aujourd'hui la population de la France
est de trente-quatre millions d'ames ; quarante-quatre mille
enfans seulement sont élevés dans les colléges de l'Université, et cependant les crimes et les délits antérieurs à 1789,
sur une population de vingt-cinq millions, ne formaient pas
les deux tiers de ceux qui se commettent aujourd'hui sur
une population de trente-quatre millions d'habitans.

recevoir aucune atteinte de la loi positive ;
les formes de son exercice peuvent être ré-
glées et ses écarts réprimés, mais sa substance
ne peut être attaquée. Toute exception à
une liberté commune à tous est donc radicalement nulle ; l'entrave arbitraire d'une
limitation du nombre des élèves des écoles
ecclésiastiques secondaires, d'un serment im-
posé qu'on ne fait partie d'aucune congrégation non autorisée par la loi, n'est donc
qu'une violence que ne peuvent consacrer ni
la loi ni le temps.

Ce droit immuable et indépendant ne peut
relever ni directement ni indirectement de la
corporation de l'Université, laquelle ne saurait avoir sur les établissemens libres un
droit de juridiction que n'a pas le ministre
de l'instruction publique lui-même. Cette
juridiction sur les personnes et sur les choses, pour qui connaît les principes de la
puissance de juger, ne peut appartenir
qu'aux corps judiciaires qui ont le droit de
territoire et de commandement. Or, un seul
tribunal peut avoir ce droit à titre primitif
et universel (1). C'est donc bien à tort qu'on a
invoqué certaines dispositions de décrets ar-

(1) *De l'autorité judiciaire*, par l'illustre baron Henrion de
Pansey, ancien premier président de la Cour de cassation.

bitraires, et la constitution même d'une commission qui, purement auxiliaire sous l'empire de ces décrets de 1808 et 1811, n'a pu
devenir un corps de magistrature inamovi-
ble par les ordonnances royales des 17 fé-
vrier 1815 et 1er juin 1822; car la délégation
seule de l'attribut essentiel de l'autorité souveraine, la juridiction universelle, peut être
irrévocable et produire le *jugement;* une
commission (la réprobation de l'histoire en
fait foi) ne peut connaître ni d'une liberté
politique ou civile, ni des droits de propriété
qui en résultent.

Les dispositions qui tendent à conserver
ces priviléges exorbitans dans tout ce qui
constitue le droit d'enseigner, les conditions
de l'exercice de ce droit, la collation des
grades, les examens du baccalauréat, la ré-
tribution universitaire, la soumission des
écoles secondaires ecclésiastiques à un régime
exceptionnel, sont donc contraires à la constitution, et radicalement nulles; elles violent à la fois les articles 1, 3, 4, 5, 6, 7, 8 de
la Charte, le § 8 de l'art. 69, et particulièrement l'art. 70 de cette même Charte, qui
porte : « *Toutes* les lois et ordonnances, en
ce qu'elles ont de contraire aux dispositions
adoptées pour la réforme de la Charte, *sont*

*dès à présent annulées et demeurent abro-
gées.* »

Ce sont là les principes éternels du droit.
Le prince des jurisconsultes romains, *Papinien*, a dit : *Jus publicum privatorum pactis
mutari non potest.* Et ce qu'il a dit des volontés particulières doit s'entendre des priviléges ou des lois inconstitutionnelles. *Cujas*,
le prince des jurisconsultes français, n'appli-
quait pas seulement cette maxime de Papinien
à l'organisation politique ou religieuse (1),
mais au droit commun à tous les citoyens,
qui consacre la liberté civile, et qui fonde et
perpétue la famille. Voilà pourquoi *Vinnius*
disait que toute prohibition d'ordre public
produit un effet inévitable, non-seulement
pour la chose principale, mais pour tous ses
accessoires et conséquences; et un savant
avocat-général à la Cour de cassation, d'ho-
norable et regrettable mémoire, M. *Nicod*,
disait : *La nullité d'ordre public produit un
vice incurable et mortel, et elle doit être pro-
noncée dès qu'elle est signalée aux tribunaux.*

Or, quelle nullité d'ordre public que celle
qui résulte de la violation d'un droit immuable et fondamental reconnu par la con-

(1) Cujac. lib. 2. Quæst. papin.

stitution, et dont la garde est confiée au pa-
triotisme et au courage des gardes nationales
et de tous les citoyens français!!! (Art. 66 de
la Charte.)

Quelle nullité d'ordre public que celle qui
veut substituer le droit du libre examen à la
liberté réglée par l'autorité, établir la guerre
entre la puissance publique et les libertés individuelles par la destruction du droit im-
prescriptible de l'association soit religieuse,
soit civile (1), et ainsi briser l'Etat sur l'écueil
du despotisme, ou le précipiter dans l'abîme
de l'anarchie!!!

Quelle nullité d'ordre public que celle qui
voudrait arracher l'Europe à l'unité de l'E-
glise, mère de la liberté, et *protestantiser* la
France, cette reine catholique de la civilisation moderne (2)!!!!

§ III.

Du mariage.

La concordance entre la loi religieuse et la
loi civile touchant le mariage, est ce qui inté-

(1) Discours de M. Guizot à la chambre des pairs.
(2) Le projet de loi qui s'annonçait à la commission de la
chambre des pairs sous une apparence de liberté, n'est plus,
tel qu'il est amendé par cette chambre, qu'une loi de servitude... et quelle servitude! Nous y reviendrons.

resse le plus vivement la conscience des peuples, la paix des familles, et l'honneur de l'Etat.
Que deviendrait cet accord si nécessaire, s'il
n'existait pas un lien de droit sous ce rapport,
entre l'une et l'autre puissance? L'État procla-
mera-t-il le divorce, quand la croyance de
trente-deux millions de Français catholiques
s'y oppose, ou fera-t-il de ces catholiques des
apostats en les plaçant entre leurs devoirs et
leurs passions? Le mariage sera-t-il à volonté
dissoluble ou indissoluble, comme à l'époque
où l'on avait le choix entre le divorce et la séparation de corps? et la conscience fidèle d'un
époux sera-t-elle opprimée par la conscience
parjure de l'autre époux qui voudra changer
la séparation de corps en divorce? Il faut donc
que la loi civile déclare le mariage indissoluble, et, par suite, qu'elle convertisse en empêchemens dirimans du mariage considéré
comme contrat civil, les empêchemens dirimans du mariage comme sacrement, et, de
plus, qu'elle consacre en principe que les ordres sacrés sont au rang de ces empêchemens.
De ce que les dissidens seront forcés d'obéir à
une législation générale qui a son principe
dans la croyance et les intérêts d'une immense
majorité de Français, s'ensuivra-t-il que leur
culte n'obtiendra pas la même protection?

Non sans doute; les protestans et les juifs savent qu'un Etat ne peut subsister sans unité
de principes ; que cette unité dans les lois qui
touchent aux principes essentiels de la religion catholique est plus impérieuse encore ;
que si l'Etat leur accorde protection, ils lui
doivent, à leur tour, sacrifice et déférence à
l'intérêt général ; qu'autrement il y aurait autant de législations diverses que d'opinions
religieuses ; autant de directions différentes
dans les mœurs nationales et dans la famille
que de sectes diverses ; ce qui serait un véritable chaos moral et politique.

Veut-on une preuve toute récente du scandale de la dissonnance entre la loi civile et la
loi catholique touchant l'indissolubilité du
mariage? Je ne parlerai pas du mariage des
prêtres ; la puissance des mœurs et de la conscience publique est venue au secours de la
jurisprudence, et la cour suprême a sanctionné
le refus fait à l'homme engagé dans les ordres
sacrés de contracter le mariage. Mais une
doctrine plus étrange encore vient d'être dé-
veloppée par le ministère public devant le
tribunal de Soissons, et adoptée par les con-
sidérans d'un jugement de ce tribunal, à la date
du 25 mars dernier, dans les circonstances sui-
vantes. Le général Clouet avait été condamné

à mort par contumace pour fait politique dans la Vendée, en 1832; il ne s'était point présenté pour purger la contumace dans les cinq ans qui avaient suivi l'exécution de ce jugement par effigie, et en conséquence, aux termes de l'art. 27 du Code civil, il se trouvait frappé de mort civile. Depuis, il a été compris dans l'amnistie de 1840. Une action en partage d'une succession à laquelle sa femme était appelée fut formée, et l'on demanda que madame Clouet fût autorisée de son mari. Elle répondit, ou son avocat pour elle, que son mariage était dissous par la mort civile définitivement encourue par son mari; qu'elle pourrait, si elle voulait, contracter un deuxième mariage; que le Code lui en ouvrait le droit, et que l'autorisation de son mari, mort civilement, était dès lors inutile. Le ministère public enchérit sur l'avocat, et prétendit que, bien que la condamnation ne fût pas irrévocable, puisque le condamné pouvait pendant vingt ans purger sa contumace, elle était définitive et devait produire des effets définitifs; que le mariage était donc dissous; qu'elle était libre et n'avait plus besoin de l'autorisation d'un homme qui n'était plus son mari! Et c'est sur de tels principes et en les visant, que le tribu-

nal a adjugé à la veuve Clouet ses conclusions.

Or, le principe de l'indissolubilité du mariage, si profondément gravé dans la conscience des catholiques, n'est-il pas scanda-
leusement violé par une telle doctrine? Que
les effets pécuniaires de la mort civile, même
après une amnistie, restent irrévocables pour
le passé, on le comprend; mais que le sacrement, que le lien consacré par Dieu dispa-
raisse devant une condamnation humaine
quelle qu'elle soit, surtout devant une condamnation publique, en présence d'une amnistie qui a aboli les effets de la condamnation pour l'avenir, voilà ce qui est monstrueux,
et ce qui choque l'honneur et la conscience,
non moins que la religion!

Un lien intime doit donc exister entre la
loi civile et la loi catholique d'une population
de trente-deux millions d'ames, quant au
mariage, et une réforme législative éminem-
ment sociale devrait exiger pour chaque culte
reconnu par l'Etat, la bénédiction religieuse
avant la signature de l'acte de l'Etat civil, afin
de faire cesser, d'une part, l'immoralité d'une
union ayant essentiellement Dieu pour auteur,
et qui néanmoins serait contractée hors de son
invocation et des bénédictions que lui seul

pent y répandre, et pour supprimer, d'autre part, le scandale d'individus qui, de leur vivant, se sont joués d'un dogme sacré, et pour lesquels après leur mort on réclame, pour prix de leur mépris sacrilége de la loi de l'Eglise, les prières et les cérémonies de cette même Eglise.

§ IV.

Liberté de la discipline et des conciles nationaux.

L'Église, c'est une maxime inviolable, doit être gouvernée par les canons. Il faut donc consacrer par des dispositions fondamentales, et convertir en lois de l'État tous les points de discipline qui intéressent à la fois l'État et l'Église, et laisser libre la convocation des conciles nationaux nécessaires pour renouer la chaîne des traditions interrompues et pour remettre les canons en vigueur.

Il serait injuste d'invoquer l'art. 4 des articles organiques du 18 germinal an x, pour interdire aux évêques le droit de se réunir en concile national, *sans une permission expresse du gouvernement.* Car la liberté du culte catholique étant consacrée par l'art. 5 de la Charte, et cette religion ayant cessé d'être la religion de l'État (art. 6), il faut se reporter à la maxime d'éternelle raison, proclamée par Jésus-Christ, et qui domine toutes les lois : *Rendez à César ce qui est à César, et à Dieu ce qui est à Dieu;* c'est-à-dire respecter tout ce qui est essentiel à l'action libre de l'Église sur ses dogmes, sa morale, sa discipline, et l'enseignement de la foi. Or, n'est-il pas essentiel à cette liberté que les évêques puissent se réunir pour délibérer sur ces objets sacrés, afin de conserver cette force de doctrine et cette unité d'action qui forme l'essence de l'Eglise? Un gouvernement, quel qu'il fût, pourrait-il avoir le droit d'empêcher ce concert? Le bon sens et la raison ne disent-ils point que cette autorisation préventive de l'Etat ne saurait s'appliquer qu'à des réunions qui traiteraient d'autre matière que de celles du dogme et de la discipline catholique? Il faut donc distinguer pour la saine interprétation de cet article 4 : ou la réunion a pour objet des matières mixtes, spirituelles et temporelles tout ensemble, et dans ce cas l'Etat est partie nécessaire; ou la réunion ne se rapporte qu'au dogme et à la discipline, et alors la liberté du culte serait anéantie, si le gouvernement pouvait empêcher cette réunion. Tout ce que la prudence et les exigences les plus sévères pourraient demander en pareille circon-

stance, c'est que les archevêques et évêques
prévinssent le gouvernement de l'intention où
ils seraient de se réunir, en lui indiquant la
nature spéciale des matières qui seront l'objet des délibérations, et que le gouvernement
ainsi prévenu se fît, s'il le jugeait convenable,
représenter par un délégué pour la surveillance légale à exercer sur tout ce qui franchi-
rait ces limites. C'est ce qui se faisait dans
l'ancienne monarchie; et nul ne prétendra
que les droits de la puissance temporelle ne
soient pas intégralement réservés par ce mode
de procéder.

On invoque la déclaration de 1682. Mais
c'est précisément de l'indépendance respective
du pouvoir temporel et du pouvoir spirituel,
telle qu'elle est formulée par cette déclaration, que dérive la distinction ci-dessus. Que le
gouvernement puisse faire respecter la liberté
de son action et l'exercice de ses prérogatives,
en tout ce qui lui appartient en propre, rien
de mieux; mais qu'il soumette à sa volonté
l'action de l'Eglise, en tout ce qui appartient
en propre à l'Eglise, cela est contraire aux libertés de l'Eglise gallicane et au sens commun.

On ne peut d'ailleurs se dissimuler que les
choses sont bien changées depuis la révolu-

tion de 1830 ; et que l'esprit du concordat
de 1801 réclame énergiquement la plénitude
de cette indépendance respective. En effet,
ce concordat a voulu que, si le chef de l'État
cessait d'être catholique, ou, en d'autres
termes, que si le gouvernement n'avait point
de religion à lui propre, les droits et les prérogatives reconnus par les articles 4, 5, 6, 7 et
suivans de la loi du 16 messidor an ix fussent
réglés par une nouvelle convention. Ce fut en
vertu de cette disposition fondamentale que
le premier consul, depuis l'empereur, fit de
la religion catholique la base de l'enseignement public ; et certes, nul n'eût été admis à
prétendre que l'on pouvait indifféremment
nommer dans les lycées et établissemens publics d'éducation des professeurs juifs, protestans, panthéistes, anti-chrétiens, et que le
gouvernement avait le droit, sans subir les
conséquences de la violation du concordat,
c'est-à-dire la nécessité d'une convention
nouvelle, de laisser libre l'enseignement de
toute religion dans les chaires publiques de
l'Université, à plus forte raison l'enseignement de tout système de philosophie subver-
sif de la foi catholique et de la religion chrétienne dans son principe ! — Or la Charte
de 1830 ayant proclamé la liberté complète

en matière d'enseignement religieux, et la
doctrine catholique, qui est celle des cinq-
sixièmes de la France, ayant contre tout droit
cessé d'être la base exclusive de cet enseignement public dans l'Université, la conséquence
nécessaire est que le concordat serait scanda-
leusement violé si l'Église catholique, qui est
la religion de trente-deux millions de Français, ne rentrait point dans la plénitude de sa
liberté, et si l'autorité politique, agissant au
nom d'une minorité qui est sans qualité pour
imposer des lois au plus grand nombre, pouvait mettre un obstacle préventif au droit de
l'Eglise de réunir ses pontifes en concile national, et d'enseigner librement, et dans toute
sa pureté maintenue par elle, la doctrine catholique.

On voit que nous ne contestons point ici *à
priori* la légalité de l'article 4 de la loi du
18 germinal an x. Nous aurions pu soutenir,
au point de vue diplomatique, que le concordat, ayant été l'œuvre librement consentie
par deux puissances, on ne pouvait ajouter à
cette convention qu'autant que cette addition
eût été aussi librement consentie par toutes
deux, et que les articles organiques ne l'ont
jamais été par le pape qui a solennellement
protesté contre la déloyauté de leur publica-

tion. Mais nous avons préféré être large sur
les rapports qui doivent, en principe, unir
l'État et l'Église catholique, quand la doctrine
de cette Église est reconnue légalement comme
le fondement exclusif de l'enseignement public. Et, sauf le seul sens raisonnable à donner
à cet article 4, il entrait dans notre conviction
de la nécessité des rapports de l'Église et de
l'État, d'admettre celle d'un réglement sur ce
point entre l'État et l'Église, sans approuver
d'ailleurs ce que les articles organiques peuvent renfermer de contraire aux droits et
prérogatives de l'Église catholique.

Mais que, sous un régime prétendu de
liberté, l'État s'arroge le droit de faire des
lois et de permettre un enseignement qui
blessent les principes de la religion reconnue
par la constitution être celle de la majorité
des Français, et qu'à la faveur d'une indépendance prétendue qu'il refuse d'ailleurs à
l'Église, il donne dans ses actes et ses institutions un démenti aux principes essentiels de
nos croyances; qu'il s'attribue un pouvoir
discrétionnaire sur la liberté et l'existence
des évêques et des autres ministres de ce culte;
qu'il dénie à l'Église le droit de former un
corps moral ou d'être *une personne civile,*
ou, en d'autres termes, qu'il lui refuse une

existence propre en France, ce qui fait la vie de
toute institution quelle qu'elle soit, ce qui fait
qu'elle est ou qu'elle n'est pas ; existence qui
n'a d'ailleurs rien de commun avec la qualité
de corps politique à laquelle l'Église ne pré-
tend point ; que l'État croie, en conséquence
de ces maximes, pouvoir garder sans restitution, sans indemnité, et contrairement à l'esprit du concordat et à la loi de justice naturelle, les propriétés invendues de l'Église, et
l'empêche de posséder des biens à elle propres ; qu'il regarde comme la concession fa-
cultative d'un salaire, comme une aumône,
la somme annuelle de **trente millions** portée
au budget pour le clergé dépouillé par lui de
cent cinquante millions de rente, et de plus
de cinq milliards de biens ; qu'il interdise aux
évêques la défense de la foi par des actes de
censure publique, ou par des actes de leur
juridiction dans tous les établissemens d'éducation de la jeunesse catholique française ;
qu'il défende au clergé d'enseigner sans un
permis de l'Université, et qu'à la place des
droits et prérogatives d'un établissement particulier de l'État, l'Université exerce une juridiction dominante, universelle, fiscale, et
le monopole des grades à conférer ; que l'État
proscrive arbitrairement les ordres religieux

8

nécessaires au service de l'Église pour la pré-
dication évangélique et la propagation de la
foi, lorsque ces ordres seront disposés à se
soumettre à la surveillance légale en tout ce
qui concerne le bon ordre et la police de la
société civile; que les évêques ne puissent se
déplacer ou se réunir en concile national pour
conférer du dogme et de la discipline, que
sous le bon plaisir du gouvernement : ce sont
des prétentions contraires au caractère essentiel d'indépendance et de corrélation des deux
puissances; c'est un attentat direct contre la
liberté de l'Église et contre le salut des peuples qui lui sont confiés.